中国传统民居建筑
空间艺术与美学研究

俞文斌　著

中国海洋大学出版社

·青岛·

图书在版编目（CIP）数据

中国传统民居建筑空间艺术与美学研究 / 俞文斌著．

青岛：中国海洋大学出版社，2025. 3. -- ISBN 978-7-5670-4165-3

Ⅰ．TU241.5

中国国家版本馆 CIP 数据核字第 2025A86U72 号

中国传统民居建筑空间艺术与美学研究
ZHONGGUO CHUANTONG MINJU JIANZHU KONGJIAN YISHU YU MEIXUE YANJIU

出 版 人	刘文菁			
出版发行	中国海洋大学出版社有限公司			
社　　址	青岛市香港东路 23 号	邮政编码	266071	
网　　址	http://pub.ouc.edu.cn			
责任编辑	郑雪姣	电　　话	0532-85901092	
电子邮箱	zhengxuejiao@ouc-press.com			
图片统筹	寒　露			
装帧设计	寒　露			
印　　制	定州启航印刷有限公司			
版　　次	2025 年 3 月第 1 版			
印　　次	2025 年 3 月第 1 次印刷			
成品尺寸	170 mm×240 mm	印　　张	16.5	
字　　数	260 千	印　　数	1 ~ 2000	
定　　价	98.00 元			
订购电话	0532-82032573（传真）　18133833353			

发现印刷质量问题，请致电 18133833353 进行调换。

前　言

　　中国传统民居建筑，不仅是中国古代建筑文化的重要载体，更是世界建筑艺术宝库中的璀璨明珠。几千年的文明沉淀使得中国传统民居建筑中蕴含了丰富的建筑设计智慧，这些智慧在各地的传统民居建筑中得到了淋漓尽致的展现。

　　中国传统民居建筑是中国广大劳动人民在传统建筑哲学思想指导下，基于对自然的崇尚，结合多样化的气候条件及各民族风俗习惯，采取因地制宜、就地取材的策略，运用世代沿袭的建造技艺，创造出既能够保护自然环境、适应地方气候，又适宜人类居住的多样化风格的民居建筑。此外，这些民居还融入了丰富的地域文化和民族特色元素，通过彩绘、木雕、石雕、砖雕等装饰手法，无不彰显出中国劳动人民的卓越智慧以及对儒家"天人合一"理念的深刻践行。

　　本书共分六章，分别从中国传统建筑空间、中国现代建筑空间、中国传统民居建筑空间艺术特性、中国传统民居建筑空间艺术表现、中国传统民居建筑空间与环境因素、传统美学与中国民居建筑空间营造等方面对中国传统民居建筑空间艺术与美学进行了研究和探讨，旨在为读者在中国传统民居建筑空间艺术与美学研究方面提供参考与借鉴。

　　在写作过程中，笔者参考了部分相关资料，获益良多。在此，谨向所有提供宝贵知识和见解的学者与师友表示由衷的感谢。由于水平有限，书中难免存在不足，敬请读者朋友批评与指正。

俞文斌

2024 年 10 月

目 录

第一章　中国传统建筑空间 ⋯⋯⋯⋯⋯⋯⋯⋯⋯⋯⋯⋯⋯⋯⋯⋯⋯⋯ 001

　　第一节　中国传统建筑空间的发展与演变 ⋯⋯⋯⋯⋯⋯⋯⋯⋯ 001

　　第二节　中国传统建筑的构成类型 ⋯⋯⋯⋯⋯⋯⋯⋯⋯⋯⋯ 015

　　第三节　中国传统建筑艺术特色与空间表现 ⋯⋯⋯⋯⋯⋯⋯ 026

　　第四节　中国传统建筑空间风格与文化特征 ⋯⋯⋯⋯⋯⋯⋯ 030

第二章　中国现代建筑空间 ⋯⋯⋯⋯⋯⋯⋯⋯⋯⋯⋯⋯⋯⋯⋯⋯⋯⋯ 039

　　第一节　现代建筑空间的定义与特点 ⋯⋯⋯⋯⋯⋯⋯⋯⋯⋯ 039

　　第二节　中国现代建筑的特征 ⋯⋯⋯⋯⋯⋯⋯⋯⋯⋯⋯⋯⋯ 056

　　第三节　中国现代建筑特性评析 ⋯⋯⋯⋯⋯⋯⋯⋯⋯⋯⋯⋯ 071

第三章　中国传统民居建筑空间艺术特性 ⋯⋯⋯⋯⋯⋯⋯⋯⋯⋯⋯ 077

　　第一节　中国传统民居建筑概述 ⋯⋯⋯⋯⋯⋯⋯⋯⋯⋯⋯⋯ 077

　　第二节　中国传统民居建筑的艺术观 ⋯⋯⋯⋯⋯⋯⋯⋯⋯⋯ 087

　　第三节　中国传统民居建筑布局 ⋯⋯⋯⋯⋯⋯⋯⋯⋯⋯⋯⋯ 102

　　第四节　中国传统民居建筑的形态 ⋯⋯⋯⋯⋯⋯⋯⋯⋯⋯⋯ 132

第四章　中国传统民居建筑空间艺术表现 ⋯⋯⋯⋯⋯⋯⋯⋯⋯⋯⋯ 139

　　第一节　中国传统民居建筑空间概述 ⋯⋯⋯⋯⋯⋯⋯⋯⋯⋯ 139

第二节　中国传统民居类型及分布 ··· 143

第三节　中国传统民居的文化元素 ··· 154

第四节　中国传统民居的设计 ··· 165

第五节　中国传统民居的装饰艺术 ··· 170

第五章　中国传统民居建筑空间与环境因素 ······················ 185

第一节　中国传统民居建筑环境演变 ··· 185

第二节　中国传统民居建筑与自然空间 ····································· 192

第三节　中国传统民居建筑与气候环境 ····································· 209

第四节　中国传统民居建筑与地方材料 ····································· 217

第六章　传统美学与中国民居建筑空间营造 ······················ 227

第一节　传统美学感受与民居空间营造 ····································· 228

第二节　传统美学思想与民居建筑空间营造 ···························· 233

第三节　美学意义在民居建筑类型中的体现 ···························· 241

第四节　美学精神在民居建筑装饰纹样中的体现 ···················· 251

参考文献 ··· 256

第一章　中国传统建筑空间

第一节　中国传统建筑空间的发展与演变

一、中国传统建筑空间体系发展

中国传统建筑空间艺术在世界建筑史上独树一帜。追溯其源，中国传统建筑空间体系可上溯至新石器时代，其发展大体可分为五个阶段，分别是初始时期的中国传统建筑空间、定型时期的中国传统建筑空间、成熟时期的中国传统建筑空间、规范化时期的中国传统建筑空间及分解时期的中国传统建筑空间。

（一）初始时期的中国传统建筑空间

新石器时代晚期，人们逐渐过上了定居生活，对居住条件有了强烈的要求。基于不同的自然环境，黄河流域及北方地区的氏族部落因地制宜采用了穴居、半穴居及地面建筑等形式。具体而言，他们巧妙利用黄土层作为墙体，结合木构架和草泥构建半穴居住所，这些建筑形式随着时间推移逐渐演变为地面建筑，并形成了规划有序的聚落。长江流域及南方地区，由于气候潮湿多雨且常受水患、兽害侵袭，因此地面建筑之外还发展出了干栏式建筑。考古发掘表明，在六七千年前，人们已经掌握了利用榫卯技术构筑木架房屋，黄河流域也发现了众多原始聚落的遗迹。这些聚落布局合理且分区明确，居住区、墓葬区、制陶场等功能区域划分清晰。此外，木构架建筑已呈现出多种形式，房屋平面形状根据功能和需求的不同，有圆形、方形和品字形等多种设计。这一时期是中国传统建筑发展的初始阶段。

历经夏、商、周三代，至春秋战国时期，中国大地上已崛起众多繁盛的都邑。尤其在商朝，夯土技术已臻成熟，宫室与陵墓的建造规模宏大，令人叹为观止。至西周及春秋时期，统治阶级巧妙地运用这一技术营造出众多以官市为核心的城市。此时的木构技术相较原始社会有了显著提升，斧、刀、锯、钻、铲等专用工具的广泛应用，极大地推动了木构架的发展，使其成为支撑建筑的重要结构方式。随着商周以来的持续改进，木构架和夯土技术均已日臻完善，并在建筑中取得了显著的进步。西周时期，丰京、镐京和洛阳的王城、成周等城市的兴建，展现了高超的建筑技艺。春秋战国时期，各诸侯国纷纷营造以宫室为中心的都城，这些都城均采用夯土版筑技术，墙外环绕城壕，并设有气势恢宏的城门。宫殿巍峨，耸立于城内，建于夯土台之上，木构架结构稳固而精美，成为我国建筑艺术的杰出代表。商朝末年，商纣王曾大兴土木，而周朝的建筑则在殷商的基础上有了更为显著的发展。特别是技术的飞跃进步，建筑材料不断革新，瓦成为屋顶的主要覆盖材料，同时木构架上还饰以精美的彩绘，增添了建筑的艺术魅力。此时，建筑主要以版筑法为主，其屋顶如翼般舒展，木柱架构纵横交错，庭院平整宽敞，整体布局已呈现出一定的法则与规律。在陕西岐山凤雏村和扶风召陈村，考古学家发现了西周早期和中晚期的宫殿遗址，为我们展示了传统建筑的艺术风貌和技术水平。无论是夯土技术、木构技术，建筑的立面造型、平面布局，还是建筑材料的制造与运用、色彩和装饰的选择与使用，都为中国传统建筑以后的发展奠定了坚实的基础。

（二）定型时期的中国传统建筑空间

中国传统建筑空间艺术的发展历程在封建社会初期达到了一个关键的定型阶段，这一时期始于春秋战国直至南北朝。春秋战国时期，建筑艺术尚处于萌芽阶段。随后，秦汉两朝将建筑推向了第一个高峰，其独特的建筑风格与技艺在这一时期得到了充分展现。三国、两晋时期，建筑方面继续发展与创新。至南北朝，建筑艺术逐渐步入成熟阶段，为后续的繁荣奠定了坚实基础。这一阶段中国传统建筑体系基本定型。在构造上，叠梁式构架、高台建筑、重楼建筑及干栏式建筑等相继确立了自身体系，这些构造形式在随后的 2000 多年里成为中国古代木构建筑的主体框架。战国时期，砖和彩画技术的出现更是为建筑艺术增添了新的元素，进一步丰富了传统建筑的艺术表现力。

公元前 221 年，秦始皇建立了历史上首个中央集权的封建帝国。随之而来的，是将举国之力投入咸阳城的建设之中，包括都城、宫殿和陵墓的修筑，每一项都是浩大而壮观的工程。修筑了阿房宫（其真实性仍有待考证）及秦始皇陵东侧那气势磅礴的兵马俑坑，修筑了通往全国各地的驰道，筑起了长城以抵御匈奴的南侵，更开凿了灵渠以促进水路的畅通。然而，秦帝国终因过度消耗民力，历经二世而亡。汉承秦制，经过半个多世纪的休养生息后，汉代又步入了大规模营造的新时期。汉代五次大规模地修筑长城，以保卫疆土、维护国家安宁；同时，还积极开拓通往西亚的丝绸之路，促进了中西文化的交流与融合。此外，汉代还兴建了长安城内的桂宫、明光宫以及西南郊的建章宫、上林苑等宏伟建筑。至西汉末年，更是在长安南郊建造了明堂辟雍。这些建筑不仅展现了汉代的繁荣与昌盛，更体现了中华民族的智慧与创造力。

秦汉时期，木构架技术成熟，抬梁式、穿斗式结构完善。高台建筑盛行，多层建筑增多。石料的使用扩展，东汉出现石祠、石阙、石墓等石头建筑。中国建筑自始至终追求宏伟壮美，展现中华民族对建筑艺术的独特追求。

汉代建筑规模宏大，至汉武帝时期更是达到了顶峰，宫殿、苑囿等建筑工程大兴。汉武帝时期，国力强盛，对建筑艺术的发展起到了极大的推动作用。长乐宫、未央宫等著名建筑展现了汉朝宫殿的雄伟与威严，其宏大的规模、精巧的工艺和严谨的建筑风格体现了汉代建筑的独特魅力。与秦朝相比，汉代建筑在艺术上取得了巨大的进步。在秦汉两朝，由于国家的统一与国力的富强，中国传统建筑迎来了第一次发展高潮。在这一时期，建筑结构主体的木构架趋于成熟，重要建筑物上普遍使用斗栱。屋顶形式也呈现出多样化，并得到了广泛的应用。同时，制砖技术及砖石结构、拱券结构也取得了新的发展。

两晋至南北朝时期，是一个变革与融合的时期。经济、文化、宗教交流频繁，为民族大融合奠定了基础。西晋统一后陷入动荡，西北少数民族领袖建立政权，形成十六国时期，各政权宗教文化特色鲜明，推动了宗教文化发展。北魏拓跋氏统一中国北方，但带来分裂，晋室南迁建立东晋后，南方相继出现宋朝、齐朝、梁朝、陈朝，共同构成南北朝时期。此时中国南北方社会经济逐渐复苏，北方营建都城洛阳、平城等，南方以建康城为中心发展经济和文化。城市虽无法与秦汉相比，但为中国传统建筑艺术发展奠定了基础。

在东汉时期，佛法经丝绸之路自印度传至中国，随着佛法的传入和流行，魏晋南北朝时期的寺庙建筑蓬勃发展。寺庙建筑在艺术风格和技艺上达到了新的高度。北朝时期的寺庙建筑依山开凿，造佛像、刻佛经都是中国乃至世界建筑史上的奇迹。统治者修建佛寺与佛塔，彰显皇权与神权的结合。据记载，北魏时期佛寺数量达3万座，显示佛教的深入人心。佛教艺术推动石窟寺与佛像雕造，大同云冈石窟、敦煌莫高窟等为中国佛教艺术与建筑史的重要代表。

（三）成熟时期的中国传统建筑空间

隋唐建筑空间艺术是中国历史长河中的璀璨明珠，其独特风格和深厚内涵将中国传统建筑推向新阶段。该时期建筑风格继承汉魏传统，大胆创新，展现出前所未有的繁荣。都城大兴和洛阳的宏伟壮丽体现了国家的稳定和建筑技艺精湛。江都为繁华都市，其建筑风格独树一帜，充满活力。这一时期的杰出代表为大运河和长城。大运河作为古代工程奇迹，解决南北物资运输，见证了国家繁荣与人民智慧。长城则是安全防线，展现了人民智慧和力量。这些建筑杰作展现了国家实力和人民智慧。在隋炀帝大业年间，李春修建安济桥（赵州桥）。该桥实用价值高，是建筑与工程技术的完美结合。李春运用敞肩拱结构，确保桥梁稳定牢固，采用石材提高耐久性和稳定性。唐朝前期经济、国力、疆域达到鼎盛，长安、洛阳继续修建宏大宫殿、苑囿、官署。同时，全国涌现出众多商业、手工业城市，布局因工商业发展呈新貌，市容繁华与建筑精美相得益彰，展现出古代中国人民的智慧与创造力。

唐朝时随着国力强盛和文化繁荣，涌现出一大批寺塔和道观建筑。现今，一些唐朝建筑仍屹立不倒，成为研究唐朝建筑艺术的重要实物资料。例如，五台山佛光寺大殿、南禅寺佛殿、慈恩寺大雁塔、荐福寺小雁塔及兴教寺玄奘塔，不仅是历史的见证者，更是中华文化辉煌成就的实物载体。唐朝建筑技术取得新突破，建造者对材料性能有精准理解，兼顾结构稳固与视觉美感。隋唐建筑宏伟壮观，注重实用和简约，两宋时期建筑更加精细，体现了社会审美和技术进步。

晚唐至五代，战乱不断，社会经济发展受阻，建筑艺术滑落至低谷，无法再现长安辉煌。然而，随着商业、手工业发展，城市布局、建筑技术与艺术均取得突破。城市形态演变，展现社会繁荣。建筑技术方面，辽朝前期继承唐朝特色，金朝时在辽、宋基础上进一步发展创新，技术成熟，风格新颖。自北宋时期起，中国的建筑风格经历了显著的变化，从前期的宏大雄浑转向了细腻纤巧的新美学追求。这一转变体现在宫殿、庙宇等大型公共建筑以及民间住宅的精致装饰上。在宋朝，无论是宫廷建筑还是民间建筑，都追求细节之美，包括雕梁画栋、金砖铺地、朱门丹窗等元素。

北宋时期雕版印刷了《营造法式》。这部著作涵盖了建筑设计与施工的详尽规范，是古代建筑技术的集大成。其刊印的目的在于强化对宫殿、寺庙、官署、府第等官方建筑的管理与标准化。《营造法式》不仅总结了自古以来建筑技术的宝贵经验，还创新性地提出了以材为祖的建筑模数制度，对建筑的功限、料例进行了严谨细致的规定，为预算编制与施工组织提供了准则。这部著作的问世标志着中国传统建筑在工程技术与施工管理方面迈入了一个崭新的历史阶段。

传统建筑技术取得显著成就，木构架设计精准发挥材料特性，出现以"材"为基准的体系，提升了结构科学性和稳定性，推动了构件比例标准化。同时，涌现出了都料工匠，他们精通绳墨绘制图样与施工技术，具备扎实的数学知识，还拥有卓越技艺和丰富的实践经验，以确保建筑物安全稳固。这一时期遗存的建筑遗址，展现出高超的艺术和技术水平，它们注重实用性和功能性，美学和艺术表现达到极高境界，其雕塑与壁画精美，为中国封建社会前期建筑的巅峰之作，是中国传统建筑文化发展到高潮的具体体现。

（四）规范化时期的中国传统建筑空间

元朝至清朝中期的规范化时期是中国传统建筑空间发展历程中的重要时期，社会基本统一稳定，建筑领域步入辉煌。元朝北京大都和宫廷建筑的崛起标志着元朝建筑艺术的精华。同时，元朝在西藏和蒙古地区建造寺庙和宫殿对后来的中国建筑产生了影响。明朝在宫殿、园林等方面创新发展，并形成了独特风格。明、清两朝，丰富多样的建筑类型保留至今，包括宫殿、园林、帝陵等，展现了中国传统建筑艺术的繁荣与辉煌。这些建筑不仅具有极高的艺术价值，还为我们提供了了解历史、研究建筑艺术的重要实物资料。

这一历史阶段重要的建筑活动有元大都和明、清北京城的兴建，这是中国古代封建帝都建设的总结与终结。拼合梁柱的大量使用、斗拱作用的衰退、模数制的进一步优化促使设计标准化、定型化以及砖石建筑的普及。

明、清北京城在元大都基础上发展，展现了社会繁荣与科技进步。木构造技术革新，提高了建筑安全与美观程度，砖石建筑普及为艺术增添了新可能性。施工双轨制确保效率与质量，建筑师注重细节与整体协调。这一时期的建筑遗存丰富，见证了当时的繁荣与辉煌。明、清北京城及故宫和园林等，是建筑艺术的瑰宝，反映了当时政治、经济和文化状况。

（五）分解时期的中国传统建筑空间

在中国数千年的封建社会历程中，中国文化保持其连续性，深深植根于中国建筑的发展历程中。各个时期的建筑反映了社会特征，同时体现中国整体环境下的建筑理念与技艺。这些理念与技艺体现在建筑的形式美与空间布局上，更体现在人与自然和谐共生、家族或宗族秩序、伦理、道德、礼仪等方面。因此，中国建筑在历经沧桑与王朝更迭中，始终保持其独特的魅力和价值。

鸦片战争后，中国沦为半封建半殖民地社会，这一转折点开启了近代社会的剧变，其中伴随着西方世界无情的冲击与挑战。在这场深远的文化交融中，西方建筑风格与先进设备引发了国人对于自身文化与建筑体系的深度审视。传统建筑体系在西方冲击下开始动摇，面临分解的挑战。此转变标志着中国近代建筑史的开端。中国建筑界积极吸收并融合西方的建筑特色，同时不忘保留并把握传统的建筑精髓，形成了一股中西合璧的建筑潮流。中国的建筑从传统的四合院、园林，跨越到现代化的摩天大楼、高科技设施，无论是建筑形式、材料还是技术，都发生了翻天覆地的变化。多种建筑体系在碰撞与交融中并存，呈现出极其复杂的态势，这也为中国的建筑界带来了新的挑战与机遇。

中国传统文化深邃悠远，博大精深，中国传统建筑的建筑空间艺术从无到有，从简至繁，历经千载而铸就今日辉煌。中国传统建筑的发展，历经多个时期，从原始社会的木骨泥墙到明清的紫禁城，展现了中华民族的智慧与审美。中国近代建筑在传统与现代、东方与西方文化交融中诞生，从清朝末年的洋务运动到新中国成立后的现代化探索，始终在继承与创新间寻求平衡，涌现出众多标志性建筑，见证了历史的变迁与时代的进步。至 20 世纪，中国建筑保持独特结构与布局原则，并传播至他国，影响深远。

二、中国传统建筑空间时代演变

中国传统建筑的历史可谓源远流长，从宫殿、陵墓、庙宇、园林到民宅，历经数千年岁月沉淀，孕育出无数堪称典范的建筑杰作。各个时代的建筑均烙印着独特风格与特征。下面将对中国古代建筑的演变历程进行简略梳理与介绍。

（一）旧石器时代

旧石器时代，人类尚未掌握建造房屋的技艺，也没有固定的居住场所，只能将天然洞穴作为庇护所。这些洞穴或隐藏在崇山峻岭中，或突兀于河岸边，或是被流水侵蚀而成溶洞。原始人选择居住地时会考量地形地貌，寻找既能遮风挡雨，又能躲避野兽的洞穴。

（二）新石器时代

新石器时代的建筑反映自然适应与地域文化。中国传统建筑可分为南、北两大体系。南方潮湿地区，建筑从巢居演变为干栏式建筑，其利用自然条件隔离地面，避免潮湿和虫害，迄今发现的最早遗迹是 7000

年前的浙江余姚河姆渡遗址中的干栏式建筑。吊脚楼是干栏式建筑的变体，常见于山区和潮湿地区，保持了干栏式建筑的基本特征。北方黄土地区，受土壤、气候和生活习惯影响，房屋从半地穴式逐渐发展为地上木骨泥墙房子。西安半坡遗址房屋是典型例子，其以木材为骨架，用泥浆涂抹以稳定，形成圆形或方形空间。技术发展和生活方式的改变促使建筑风格演进。例如，郑州大河村遗址展示了两坡顶多间横排房子，标志着北方建筑在适应环境和生活需求中的转型升级。

（三）先秦时期

夏朝城市遗址揭示了早期城市建设面貌，其中河南偃师二里头遗址代表当时高超的建筑技艺。玉门关遗址展示了夏朝西部边疆防御工事和交通枢纽地位。河南偃师商城遗址展现了商朝城市规划得精细和科学，宫殿区主殿体现了商朝建筑的辉煌成就。西周建筑技术显著进步，瓦的使用提升了屋顶防水功能和美观。铺地方砖和三合土墙体抹面等技术提高了建筑的耐用性和美观性。陕西岐山凤雏村遗址展现了西周家庭和家族生活的空间布局和社会结构特点。其二进院落格局体现了古代建筑传统，大门前的影壁增加了私密性和视觉引导作用，使建筑群显得庄重而神秘。

（四）秦汉时期

秦汉时期的大一统格局有力地推动了中原与吴楚地区建筑文化的交融。在这一时期，建筑规模空前壮大，屋顶尤为宽敞，创新性地采用了屋坡的折线"反字"设计，主要建筑类型包括都城、宫殿、祭祀及陵墓等。汉末以来，祭祀建筑逐渐崭露头角，成为汉代建筑中不可或缺的重要类型。尽管如此，这些建筑仍以春秋战国时期流行的高台建筑为主体，遵循十字轴线对称的布局方式，规模宏大，形象鲜明。最引人注目的特点是，这一时期开始出现木构楼阁。

（五）魏晋南北朝时期

魏晋南北朝时期，建筑领域不如两汉时期鼎盛。然而，这一时期佛法的传入为建筑艺术注入了新的活力。高层佛塔、石窟寺院及佛像雕塑如雨后春笋般涌现，这些新元素赋予了建筑风格以圆润成熟的特征，使前期较为质朴的建筑风格焕然一新。此外，魏晋南北朝时期的建筑细节中还展现出了显著的"胡化"倾向。例如，许多石柱建筑上留下了古希腊式风格的印记。

（六）隋唐时期

隋朝在长安和洛阳的建设中展现了宏伟规划，解决了大面积、大体量建筑的技术难题，推动了建筑行业的发展。木建筑的创新提高了稳定性和耐久性。南北建筑技术结合后形成独特风格，达到新高度。大规模工程建设为建筑工匠提供了就业机会，推动了技术传承与创新。唐朝继承隋朝经验，谨慎管理建筑建设，颁布的《营缮令》控制建筑规模、明确建筑等级、体现社会秩序。佛教建筑在隋唐成熟，结构复杂精细，艺术风格丰富多样，展现了中国传统建筑艺术的魅力。

（七）宋辽金时期

这一时期建筑技术已臻化境，其建筑手法日益呈现出系统化与模块化的特点。通过巧妙运用减柱法和移柱法，建筑成功打破了唐朝梁柱铺排的工整模式，实现了对传统建筑技艺的创新与突破。

（八）元明清时期

元朝建筑主要特点是梁架构造多采用原木，展现粗犷豪放。外观注重实用与耐久，以简洁明快的线条和粗犷质感展现独特美感。然而，因当时经济文化发展缓慢，建筑整体发展也较缓慢，建筑多显简单粗糙。

自明朝起，中国步入封建社会晚期，这一时期建筑规模宏大，艺术魅力独特。明朝中期，建筑风格严谨；明朝晚期，则呈现出烦琐趋势。清朝延续明朝传统，崇尚工巧华丽，运用琉璃瓦雕琢装饰。明清建筑达到传统建筑的巅峰，形体简练、细节繁复。

三、中国与外国传统建筑空间的艺术交融

（一）外国传统建筑的典型形式

1. 古希腊传统建筑

古希腊的建筑遗产无疑在西方建筑艺术与美学的发展历程中扮演着标志性的角色，其深远影响贯穿了整个西方建筑史。这种影响深深植根于其美学原则、哲学思想以及数学逻辑中。从美学的视角审视，古希腊的建筑作品构成了西方建筑美学的基石。其独特的装饰元素赋予了古希腊风格以鲜明的文化符号特征，代表着对秩序、和谐与完美的执着追求。这些元素不仅丰富了古希腊的建筑风格，更是渗透到后续的建筑流派中。从哲学与数学的层面来看，古希腊建筑的核心特质在于其对建筑本质的深刻洞察与独到见解。这种精髓并非直接显露于外观的华丽与繁复中，而是巧妙地隐含在结构的设计、空间的处理以及比例的关系之中。

2. 古埃及传统建筑

古埃及建筑可分为三个主要时期：古王国时期，金字塔为巅峰，展现了古埃及文明追求的雄伟壮丽和神秘庄严，是王权与神权的象征。中王国时期，建筑风格转变，以石窟陵墓为代表，采用梁柱结构，形成开阔空间，增强通透感和神圣氛围。新王国时期，神庙建筑成就显著，通常由内庭院、大柱厅和神堂密室组成，每部分具有独特建筑特色和象征

意义。卡纳克阿蒙神庙和卢克索阿蒙神庙为著名代表，其规模宏大，装饰华丽，融入深厚的历史积淀与人文情感，成为古埃及文明乃至人类历史的璀璨明珠，对后世建筑艺术产生深远影响。

3. 古罗马传统建筑

古罗马建筑展现了罗马帝国时期卓越的建筑风格，其融合了伊特鲁里亚人的建筑精华与古希腊的黄金比例，实现了建筑形式与功能的统一。在公元1—3世纪，古罗马人突破古希腊传统，运用混凝土技术创造大型公共建筑，如罗马斗兽场、万神庙等，气势恢宏且结构稳固，装饰精美，雕刻、绘画与镶嵌艺术相得益彰。

4. 古西亚传统建筑

古西亚传统建筑源自两河流域与波斯地区，其发展在两河下游，起步最早，两河流域文明与埃及文明处于一个历史时期。直至公元前19世纪初，巴比伦王统一了两河下游，公元前18世纪，巴比伦王进一步征服了两河上游的广大区域，统一了两河流域上下游，建立了中央集权的奴隶制国家，开始大兴土木。

（二）中外传统建筑空间的艺术交融体现

两晋、南北朝时期，建筑堪称文化交融的鲜活象征。它不仅是技术与艺术的巧妙融合，更是中国与邻国之间跨文化交流的重要桥梁。这种交流是双向且互动的，中国建筑大师吸纳外来文化精髓，巧妙地融入中国传统建筑元素，例如，石窟寺的建造便充分展示了文化交流的璀璨成果。与此同时，中国建筑艺术也对邻国产生了深远的影响，其独特的魅力吸引着众多建筑师前来学习借鉴，进一步促进了建筑文化的传播与交融。

公元3世纪，印度石雕艺术达到高峰，影响着中西方文化交流，后传播至我国，与中国传统文化交融，开启了新篇章。随着时间推移，它影响了我国石窟艺术。十六国时期敦煌莫高窟诞生，标志着二者的深度融合。至北魏时期，石雕像艺术进一步东扩。北齐时期，石雕像艺术再度绽放异彩。隋唐时期，石雕像艺术在继承前代的基础上继续繁荣发展。

公元 6 世纪，中国建筑技艺影响了日本佛教建筑，日本法兴寺等寺庙体现了中国建筑艺术的高超成就，成为两国文化交流的纽带。8 世纪，鉴真和尚东渡日本，传播佛教并弘扬中华文化。宏伟壮丽的唐朝建筑风格影响了日本后世建筑艺术，象征中日文化交流的深入发展。南宋时期，中国传统建筑技艺进一步传入日本，促进了日本禅宗寺院建筑的本土化创新和发展。这一系列的文化交流活动使得中国建筑对日本建筑的影响长达千年之久，深深地烙印在日本建筑的历史脉络之中。

公元 7 世纪起，西方建筑空间艺术经新疆逐渐传至中国内地，并由海路抵达东南沿海。阿拉伯、波斯商人定居中国，并带来异域文化与建筑艺术。广州怀圣寺、泉州圣友寺等是该时期中外文化交流的见证。历经宋、元、明、清，随着商业繁荣与文化交融，寺院兴起。元朝时，清真寺众多，嵌入中国各地。这些寺院引入阿拉伯建筑形制与美感，与中国本土建筑特色融合，孕育出特色清真寺。其建筑形式新颖，布局巧妙，屋顶式样丰富，装修装饰精美，彰显出阿拉伯文化魅力与中式风格。

四、中外传统建筑空间的价值内涵

中外传统建筑风格迥异，体现了文化与审美取向的不同。中国文化重道德与实践，建筑讲究意境与自然、人文的融合，例如，四合院、园林体现"天人合一"。西方文化重物与技艺，建筑深入探索物质、构造与空间功能。西方建筑多为石材结构，体现对自然资源的尊重与对技艺的追求。西方建筑承载宗教功能或象征意义，体现了西方社会对超自然力量和神圣秩序的敬畏。中国文化强调融合与统摄，西方文化则注重个性创新与时代特征。这些差异反映在建筑风格上，形成中外建筑文化的独特魅力。

（一）理念与幻想的文化价值内涵

雨果精彩地对比了东西方建筑体系，揭示了它们之间的本质差异。西方艺术植根于希腊古罗马文明的理性、逻辑与抽象思维之中，强调立体造型和雕塑般的质感，追求几何形态、光影效果和比例的均衡。而东方艺术则深深扎根于传统文化的浪漫主义和意象思维之中，注重建筑所展现的意境之美，即通过巧妙的群体布局创造出独特而流动的空间感，充分体现中华民族尊重自然、崇尚人文的精神内涵。在建筑风格上，西方建筑强调实体的存在，追求个性与创新；而中国建筑则注重空间的处理，强调人与环境的和谐共生。中国建筑在形式上追求对称和谐，但在空间处理上却极富变化，巧妙地创造出一种含蓄而深远的空间意境。

（二）模仿与写意的艺术价值内涵

亚里士多德提出"模仿说"，认为艺术是现实世界的再现或模仿。古希腊建筑中，这一理念得到体现，多立克柱式、爱奥尼柱式等风格均通过对人体比例的剖析和提炼而呈现出来。它们之间的差异反映了古希腊社会对力量、优雅和灵动等多元审美理想的追求。中国艺术传统重视内在精神表达，感悟世界，具象事物以传达超越形似的内涵。建筑艺术体现写意精神，例如，古典飞檐翼角设计，形态似鸟翅，蕴含文化象征和审美情感，展示结构力学美和科技智慧，实现从形似到神似的艺术升华。这种"外师造化，中得心源"的理念是独特创作观，古建筑中即使微小装饰也承载文化符号和情感寓意，体现民族审美情趣和价值追求。

第二节 中国传统建筑的构成类型

中国传统建筑空间泛指那些历经岁月沧桑、承载着悠久历史印记、具有不可估量历史价值的古建筑遗迹。它们凝聚了古代劳动人民的智慧，是中华民族历史长河中的璀璨明珠，更是研究古代社会政治经济、文化艺术、宗法信仰等的宝贵历史资料，是无比珍贵的文化遗产。

一、中国传统建筑的类型

中国传统建筑空间分类多样且富有地域文化特色。按用途分类，主要有民居、宫殿、佛寺、陵园、园林及桥梁等。按结构分类，主要有井干式、穿斗式、干栏式、抬梁式等。其中，穿斗式结构以木材为主要材料，以增强横向稳定性，具有抗震性能；干栏式结构底层架空，以适应潮湿气候和山地地形。无论按用途还是结构分类，它们都展现了独特的魅力和深厚的历史底蕴。

（一）按用途分类

1. 传统民居建筑

我国民居建筑丰富多彩，其中庭院式木构架建筑、四水归堂式建筑、一颗印式建筑、大土楼建筑、窑洞式建筑以及干栏式建筑等，都体现了独特的建筑风格。这些古民居建筑不仅注重中国传统的审美观念，更将尊卑之礼、长幼有序、男女有别、内外有分等宗法伦理融入其中，展现出社会独特的文化。因此，这些建筑不仅具有极高的观赏价值，还是人们游览、观赏的景点，让人领略到中国传统文化的独特魅力。

2. 传统公共性建筑

传统公共性建筑主要有坛庙祭祀建筑与祠堂建筑两大类。目前，此类建筑尚存众多，其中坛庙祭祀建筑中的天坛、地坛、先农坛，以及祠堂建筑中的皇家宗庙——太庙、曲阜孔庙、山西解州关帝庙等，都是各具特色、历史底蕴深厚的建筑瑰宝。此外，各地的民间祠堂也各具特色，历史底蕴深厚。

3. 传统宫殿建筑

宫殿作为帝王居住与处理朝政之地，是皇权的象征，展现着无与伦比的富丽堂皇。它以雄伟壮观的规模、精美绝伦的装饰以及奢华无比的陈设，彰显着皇家的尊贵与荣耀。金黄色的琉璃瓦与庄重的红墙和宽大的汉白玉台基相互映衬，雕刻精细的天花藻井、汉白玉栏板、梁柱等，成为建筑装饰中最为醒目的元素，反映着皇权的威严与神秘。目前，我国保存最为完好且气势磅礴的宫殿当属北京故宫和沈阳故宫。这两座宫殿不仅体现了古代建筑的精湛技艺，更是承载着丰富的历史与文化内涵，是中华民族的瑰宝。

4. 传统宗教建筑

传统宗教建筑空间以其独特风格与魅力。佛教传入中国千年，其建筑形式在中国大地上留下深刻烙印。汉式佛寺、佛塔及石窟等宗教建筑，不仅是佛教教义的载体，更见证了佛教文化在中国的扎根与影响。汉式佛寺气势恢宏，佛塔层次分明，石窟艺术价值极高。在西藏、青海、四川等高寒地区，碉房式建筑以贴石风格成为宗教建筑特色，以适应寒冷环境。外观简洁、内部宽敞明亮、具有庄重亲切感的西方宗教建筑在中国也留下了印记，其穹顶闪烁神秘光芒，装饰如拱券、图案和马赛克等，体现了文化魅力。

5. 传统陵园建筑

陵园建筑作为中国传统建筑空间不可或缺的一部分，堪称较为宏伟、壮观的建筑群之一。自古以来，无论贵贱，皆对陵墓建造用心良苦。传统陵园的布局通常精巧而庄重，四周环绕高墙，四面各设一门，四角则筑起角楼，既显稳固，又寓护卫之意。陵前延伸出一条甬道，两侧排列着石人、石兽的雕像，栩栩如生。明十三陵、清东陵、西陵等地便是这一传统建筑艺术的杰出代表。这些陵园不仅见证了历史的沧桑巨变，更承载了无数工匠的智慧与才华。如今，这些古代帝后的陵墓群已成为旅游者探寻历史、品味文化的绝佳之地。对于游客而言，尤其是外国游客，它们无疑具有极大的吸引力。

6. 传统城防建筑

传统城防建筑主要涵盖了城市城垣与长城的构筑。城墙之上，城楼、角楼、垛口等防御设施一应俱全，共同构成了一套坚不可摧的防御体系。如今，尽管多数城垣建筑已不复存在，但仍有少数依然保持着原有的风貌与坚固，如山西平遥古城和西安古城墙。长城作为世界文化遗产和中国的重要历史遗迹，现今保存状况总体良好。

7. 传统园林建筑

传统园林的精髓集中体现在江南私家园林与北方皇家园林这两大类别上，构成了中国山水园林形式的璀璨瑰宝。如今，仍有许多著名的皇家园林得以保存，如北京的颐和园、北海公园以及河北承德的避暑山庄，它们都是历史的见证者，承载着厚重的文化底蕴。而在私家园林领域，苏州的拙政园、留园、网师园等则堪称翘楚，它们被巧妙地运用工程技术与艺术灵感，精心雕琢地形，或筑山叠石，或理水种花，每一处布局都蕴含着工匠的智慧。这些园林不仅创造了美丽的自然景观，更是营造出令人陶醉的游憩环境。

8. 传统桥梁建筑

传统桥梁宛如一颗颗璀璨的明珠，镶嵌在祖国的江河湖海之上。这些桥梁是中国人民勤劳智慧的结晶，这些桥梁不仅便利了交通，更装点了祖国的秀美江山，成为中华文明的璀璨瑰宝。其中，赵州桥、五亭桥等著名桥梁更是以其独特的魅力和卓越的工艺成为中国古代桥梁的代表。

中国的桥梁文化源远流长，形式多样，包括浮桥、梁桥、索桥和拱桥等多种类型。这些桥梁不仅满足了人们的交通需求，更是一种艺术和科学的完美结合。它们在东西方桥梁史上都占据了崇高的地位，展现了中国古代桥梁的卓越成就。

（二）按结构分类

1. 木结构

传统木结构建筑空间以天然木材为主要结构材料，通过榫卯连接方式，实现梁、柱、枋、檩、斗拱等部件之间的巧妙组合，构建出坚实耐用的框架式结构体系。这种结构方式不仅具有良好的抗震性能和适应自然环境变化的能力，而且富含力学、美学。例如，"月梁""插梁""斗四棋"等特色构件，无不展现出古代工匠在建筑力学上的深刻理解和卓越智慧。

2. 砖石结构

砖石结构以其耐久性、稳固性和防火性能著称，多用于宫殿、庙宇、陵墓等重要建筑，尤其是承载大跨度的空间，如厅堂、殿堂及庭院。砖石建筑讲究对称平衡之美，常常围绕中心轴线展开，形成严谨的几何格局。墙面和屋顶采用砖石材料，通过精确的力学计算和精湛的施工技术，构建出既实用又富有韵律的空间。在装饰艺术方面，砖石结构的建筑利用砖石本身的质地变化以及雕刻技艺，创造出丰富的图案纹样，如象征吉祥如意的花卉图案、寓意深刻的几何纹样。

3. 土结构

在中国传统建筑空间中，围合与构建是土结构的两个重要的方面。这种结构形式主要将土壤作为主要建筑材料，通过将黏土、砂土、草土等混合，形成具有一定强度的墙体和地基。在围合方面，土结构多采用厚重的墙体，其既可以作为建筑的承重结构，又可以作为保温和隔音的设施。通常采用土坯、草泥、砖石等材料制作墙体，外观平整、结实，具有很高的实用性和美观性。

4. 金属结构

金属结构可以追溯到青铜器时代，主要用于制造工具和礼器装饰，尚未大量应用于建筑主体结构。然而，随着冶金技术的进步和工艺水平的提高，在传统建筑空间中，金属结构主要运用到屋顶、梁架、斗拱、雀替等部位，以增强建筑的稳固性和耐久性。明清时期，随着皇家建筑和民间庙宇的规模扩大和装饰要求提高，金属结构开始大量出现在装饰华丽的殿堂和楼阁之中。

二、中国传统建筑的构成要素

（一）基座

基座，又称为台基，是位于建筑物下方，高出地面的底座。它的主要功能是承托和保护建筑物，使其达到防潮、防腐的效果，也是等级地位的象征。此外，基座还能弥补中国古建筑单体建筑不甚高大雄伟的欠缺。

基座大致可以分为四种类型。

1. 普通基座

普通基座是以将素土、灰土及碎砖按一定比例混合制成的三合土为材料构建而成，其高度约为一尺，常用于小型建筑中，作为基础结构。

2. 较高级基座

通常在较高级的基座上加设精美的汉白玉栏杆，这种装饰常见于大型古建筑或宫殿建筑中的次要建筑，为整体建筑增添了庄重与雅致。

3. 更高级的基座

更高级的基座名为须弥座，亦称金刚座。须弥，相传坐落于世界中心，犹如宇宙间最高的峰，日月星辰在其中轮回更替，三界诸天也依托其巍峨之势，层层叠起。而在中国传统建筑中，须弥座同样被视为建筑级别的标志。它通常以砖或石砌成，造型庄重肃穆，上有精美的凸线脚和纹饰，台上往往建有汉白玉栏杆。须弥座常用于宫殿和寺院中的主要殿堂建筑，寄托了人们对宇宙秩序的崇敬之情。

4. 最高级基座

最高级基座是由数个须弥座巧妙叠加而成，赋予了传统建筑更加庄重而高大的形象，常见于最为宏伟的传统建筑之中。例如，故宫的三大殿和山东曲阜孔庙的大成殿，均矗立在最高级基座之上。

（二）圆柱

圆柱通常是由优质的松木或楠木精心雕刻而成，呈现出完美的圆柱形态，它们被置于以石头（有时则是铜器）为底座的台上，显得庄重而典雅。多根木头圆柱共同承担着支撑屋面梁架的重任，形成稳固而美观的梁架结构。

（三）开间

传统建筑空间中的开间是由四根木头圆柱环绕而成的空间，常被称为"间"。而迎面而立的间，被称为"开间"。建筑的纵深方向，其间的数量则称为"进深"。在中国古代文化中，奇数被视为吉祥的数字，因此，古建筑的平面组合中，开间多为单数，寓意吉祥。开间的数量越多，建筑的等级往往也越高。例如，北京故宫的太和殿与太庙大殿均拥有 11 间开间，彰显了其庄重与尊贵。

（四）大梁

大梁又称横梁，是建筑结构中不可或缺的核心构件，它高悬于木柱之上，以无比坚实的身躯承载着屋脊，常选用质地坚实的松木、纹理细腻的榆木或质地轻韧的杉木精心打造而成。大梁以其卓越的承载力和优雅的形态，共同构筑了古建筑稳固而优美的天际线。

（五）斗拱

斗拱乃中国传统建筑之独特构件，承载着丰富的建筑智慧与文化内涵。其是中国古代木结构建筑中的一种支承构件，方形木块称为"斗"，弓形短木名为"拱"，斜置长木则为"昂"，此三者共同构成了斗拱的精髓。斗拱通常置于柱顶与额枋之间。额枋又称"阑头"，俗称"看枋"，位于两檐柱之间，其功能在于承托斗拱，使整个结构更加稳固。此外，斗拱还位于屋面之间，起着支撑荷载梁架、挑出屋檐的作用，既保证了结构的稳定性，又展现了建筑独特的韵味。

（六）彩画

彩画最初是为了保护木结构免受潮湿、腐蚀和虫害的侵害。然而，随着时间的推移，其装饰性逐渐凸显出来。自宋朝以后，彩画更是成了宫殿建筑中不可或缺的装饰艺术元素。根据其规模和精致程度，彩画可分为三个等级。

1. 和玺彩画

和玺彩画作为彩画中的瑰宝，大多画在宫殿建筑上或与皇家有关的建筑上，其等级之高无与伦比。其画面中央精心描绘了各式各样的龙凤图案，其间巧妙地点缀着繁复的花卉纹饰。两侧的边框以古朴的"《》"形态框定，使得画面金碧辉煌、璀璨夺目，展现出一种无比壮丽的艺术效果。

2. 旋子彩画

旋子彩画的等级位居和玺彩画之下。画面上，其以简化形态的涡卷瓣旋花为特色，有时也会描绘龙凤图案。其两边可贴金粉，也可保持素净，不贴金粉。旋子彩画常用于次要宫殿或寺庙之中。

3. 苏式彩画

苏式彩画相较于前两种等级较低。其画面内容丰富，常见山水、人物故事以及花鸟鱼虫等元素。两边常使用"《》"或"（ ）"进行框饰，其中"（ ）"被建筑家形象地称为"包袱"。苏式彩画正是从江南的包袱彩画演化而来，展现出了独特的艺术魅力。

（七）屋顶

屋顶在传统建筑中被誉为"屋盖"，其形式多样，彰显着中国传统建筑的独特韵味。中国传统建筑屋顶的形式中，以重檐庑殿顶、重檐歇山顶为尊，它们犹如皇室中的冕冠，代表着至高无上的地位，彰显着传统建筑的典雅与庄重。

1. 庑殿顶

庑殿顶（四阿顶）是一种具有四斜坡的独特建筑结构。它拥有一条正脊和四条优美的斜脊，整个屋面呈现出微妙的弧度。因此，又被称为"四阿顶"。庑殿顶是我国传统建筑中最高等级的屋顶形式，一般用于皇宫、庙宇的大殿建筑上。

2. 歇山顶

歇山顶（九脊顶），巧妙地融合了庑殿顶与悬山顶的特色。它以四面斜坡的屋面为基底，巧妙地于上部转折为垂直的三角形墙面，展现出一种别致的韵味。它由一条正脊、四条垂脊和四条戗脊共同组成，因此，又得名"九脊顶"。

3. 悬山顶

悬山顶（挑山顶）是一种传统建筑屋顶样式，其特征在于屋面呈双坡设计，且两侧延伸出山墙之外。整个屋面覆盖一条正脊和四条垂脊，也称为"挑山顶"。

4. 硬山顶

硬山顶是一种常见的屋顶形式，其特点在于屋面呈现双坡设计，两侧的山墙则与屋面保持齐平，或者略高于屋面。

5. 攒尖顶

攒尖顶是一种平面呈圆形或多边形的锥形屋顶设计，其独特之处在于没有正脊，而是有多条屋脊交汇于顶部。这种屋顶形式常见于亭、阁、塔等建筑中。

6.卷棚顶

卷棚顶屋面呈现出优美的双坡设计，没有明显的正脊。前后坡在相接处并未采用传统的脊梁，而是巧妙地砌筑成线条柔和的弧形曲面。

（八）山墙

山墙又称"山花"，是古建筑两侧上部呈山尖形的墙面，它的作用主要是与邻居的住宅隔开和防火。其中，风火山墙是常见类型，其独特之处在于两侧山墙高出屋面，且顺着屋顶的斜坡面呈阶梯形布局。

（九）藻井

藻井是传统建筑中大梁上的一种装饰，名为"藻井"，含有"五行以水克火，预防火灾"之意。其设计匠心独运，形状各异，常见的有方格、六角、八角或圆形。其上雕彩绘莲花、如意等图案，寓意吉祥如意、纯净无瑕。寺庙中其位于佛座上，庄严神圣；宫殿中见于宝座上方，彰显皇家尊贵。

（十）脊兽

脊兽又称"角神蹲兽"，为中国古代宫殿建筑的重要装饰元素，特别是在庑殿顶垂脊和歇山顶脊前端，其文化意蕴尤为突出。脊兽一般由瓦质或琉璃制成，起源于汉代的陪葬明器，元朝起逐渐演变为建筑元素，清朝时形成严谨的官方定制。其排列顺序和数量依据宫殿规模和建筑等级而定，种类和位置也有严格规定，体现了封建社会的等级制度。脊兽中，骑凤仙人位居首位，与齐闵王的故事相关，寓意逢凶化吉。其后的脊兽各有寓意，寄托了对美好生活的向往。总之，脊兽作为中国古代宫殿建筑的特色，具有实用与象征意义，承载了深厚的文化内涵，体现了封建社会的等级区分。

1. 龙与凤

龙，喜四处翱翔，常现于屋檐之上，眺望四方。凤，被誉为有圣德之人。《史记·日者列传》载："凤凰不与燕雀为群。"凤，乃仁鸟也，象征祥瑞，其现预兆天下太平，人民生活幸福美满。

2. 狮子、天马、海马

狮子被尊为护法之王，它象征着无与伦比的勇猛和威严。《传灯录》记载，"狮子吼云：'天上天下，唯我独尊。'"其吼声如雷，震撼群兽，使它们无不俯首称臣。天马追风逐日，凌空照地，展现出了无与伦比的速度和力量。在海马深潜的故事里，海马入海入渊，逢凶化吉，彰显了其深不可测的智慧和勇气。在古代神话中，天马与海马都是忠勇的象征，与狮子一同守护着世界的安宁与和平。

3. 狎鱼、狻猊

狎鱼乃海中异兽，传说与狻猊均为兴云作雨、灭火防灾之神。狻猊状似狮子，是与狮子同类的猛兽，头披长鬣，故又名"披头"，凶猛残暴，食虎。也有传说称其为龙之九子之一。

4. 獬豸、斗牛

獬豸乃我国古代传说中的神兽，类似麒麟。《异物志》载："东北荒中有兽，名獬豸，一角，性忠，见人斗、则触不直者；闻人论，则咋不正者。"獬豸能辨曲直，象征勇猛、公正。传说中，斗牛之一种为虬螭，乃除祸灭灾之吉祥物。

5. 行什

行什之形象似猴，却背生双翼，手持金刚杵以降魔，又因其形状很像传说中的雷公或雷震子，放在屋顶，是为了防雷。

选择这些神话动物作饰件，首先是为了突出殿宇的威严；其次，象征消灾灭祸，逢凶化吉，剪除邪恶、主持公道的寓意。将它们置千屋脊之上，希望风调雨顺，国泰民安。"走兽"的体态差别很大，而在队列中，却统一采用蹲坐姿态，形成大同小异的造荆，只有仙人在排头的位置，有特别的姿态。工匠巧妙地在钉帽上加饰琉璃小兽，掩饰铁钉痕迹，使脊瓦免受雨淋侵蚀。中和殿、保和殿、乾清宫等主要宫殿均拥有 9 个（减去最后的行什）脊兽，坤宁宫则有 7 个，东西六宫则配备 5 个。其排列组合和颜色搭配都经过精心设计，与建筑的整体结构和谐统一，这些装饰体现了古代建筑艺术的独特魅力，承载着深厚的文化内涵和象征意义。故宫建筑群中不同等级的宫殿建筑，其脊兽的配置也有所不同。这种配置上的差异不仅体现了不同宫殿的地位和等级，也使得每座建筑都独具特色。

第三节　中国传统建筑艺术特色与空间表现

一、中国传统建筑艺术特色

（一）色彩艺术

中国工匠在建筑装饰上独树一帜，他们不仅敢于使用色彩，更善于运用色彩。这一特性与中国的木结构建筑体系紧密相连。由于木料难以持久，工匠很早就开始在木材上涂漆和桐油，以保护木质、加固木构件，并增强美观性。这一做法不仅实用，更是实现了实用与美观的完美结合。随着时间的推移，中国建筑工匠在色彩运用方面积累了丰富的经验。在北方的宫殿、官衙等建筑中，工匠善于运用鲜明色彩来对比与调和。房屋的主体部分即阳光常照之处，常用朱红色等暖色系；而房檐下的阴影部分，则采用蓝绿相配的冷色系。这种色彩对比不仅突出了阳光的温暖与阴影的阴凉，更形成了一种悦目的视觉效果。朱红色门窗部分与蓝绿相间的檐下部分常辅以金线和金点，蓝绿之间也间或点缀红点，使得建筑上的彩画图案更加生动活泼，增强了装饰效果。在平坦广阔的华北平原地区，冬季景色的色彩单调而严酷。在这样的自然环境中，这种鲜明的色彩为建筑物注入了活泼与生趣。而在山明水秀、四季常青的南方，建筑的色彩则受到封建社会建筑等级制度和自然环境的双重制约。为了与南方的自然环境相调和，南方建筑多采用白墙、灰瓦和栗黑、墨绿等色的梁柱，形成秀丽淡雅的格调。这种色调在炎热的南方夏天里给人一种清凉感，不像强烈的颜色容易令人感到烦躁。这也表明了我国不同民族和地区间古建筑的色彩运用存在微妙差异。

（二）雕刻艺术

中国传统建筑雕刻艺术常借由具象的形态，传递抽象的观念与情感，其中龙、凤、鹿等动物形象尤为突出。这些形象不仅作为装饰元素象征寓意深远，赋予建筑以艺术美感，更是承载了深厚的文化象征意义。无论是木雕、石雕还是砖雕，工匠都讲究刀法干净利落，线条流畅自如，从而形成一种独特的韵律感和动态美。这种对线条的美学追求使得雕刻作品在轮廓和结构上达到一种和谐统一的状态。中国传统建筑雕刻艺术在表现手法上巧妙地融合了写意与写实两种风格。工匠既能细致入微地刻画物体表面的纹理和色泽，又能通过抽象化的形态语言传达出特定的意境。例如，在木雕作品中，工匠会精心刻画木纹肌理，展现木材天然的韵味和质地；而在石雕作品中，则常借由山石的形象寓言志向高洁。

（三）框架式结构在传统建筑空间的运用

中国传统建筑以框架式构造为特色，其中木构架结构展现了巧妙的设计与科学原理。木柱与木梁构成房屋支撑的骨架，形成稳固的受力体系。屋顶重量通过梁架结构传递至立柱，立柱成为承载重量的核心，墙壁在结构上主要分隔空间。设计理念实现"墙倒屋不塌"，体现中国传统建筑框架式结构的特点与优势。框架式构造赋予建筑灵活性和适应性，房屋功能分区可轻松调整从而扩大或缩小空间，且不破坏整体结构。墙壁不承担主要结构负荷，门窗设置自由多样、富于变化，丰富的建筑内部布局形式为外观设计增添无限可能性与创意空间。框架式木结构建筑中孕育出独具特色的斗拱构件，它由方形木块和弓形短木及斜置长木组成，形成上大下小的托座。它承担着支承荷载梁架的重要任务，将梁架的重量逐层传递至屋顶；还通过斗拱设计在视觉上形成丰富的层次感和立体感，赋予建筑细腻且富有动感的艺术表现力。明清时期，梁架不再通过斗拱逐层承托，而是直接放置在立柱之上，使斗拱在结构承载方面的作用减弱，但斗拱仍发挥装饰作用，成为建筑美学的重要部分。

（四）装饰性屋顶在传统建筑空间的运用

在中国传统屋顶的艺术表达上，早在《诗经》中，就有对祖庙屋顶如翼般舒展的赞美之词，展现了古人对屋顶形态的审美追求。到了汉朝时期，后世所熟知的五种基本屋顶式是四面坡的庑殿顶，四面、六面、八面坡或圆形的攒尖顶，两面坡且两山墙与屋面齐平的硬山顶，两面坡且屋面挑出至山墙之外的悬山顶，以及上半部为悬山而下半部为四面坡的歇山顶。自宋朝以后，琉璃瓦得到广泛应用，为屋顶增添了丰富的色彩与光泽。随着时代的推移，更多复杂的屋顶式样和由这些基本式样组合而成的具有艺术效果的复杂形体陆续出现，彰显了中国传统建筑在利用屋顶形式创造建筑艺术形象方面的丰富经验和卓越成就，这也成为中国传统建筑的一个重要特征。

二、中国传统建筑空间表现

（一）烘托性单体在传统建筑空间的作用

烘托性单体建筑是中国古代宫殿、寺庙等高级建筑的常见艺术手法，用以烘托主体建筑。春秋时期，宫殿正门前的阙作为最早具有艺术特色的烘托性建筑而出现。至汉代，祠庙采用此种建筑形式。如今，仍可见众多精美的烘托性建筑。例如，四川雅安高颐墓阙展现了汉代墓阙的魅力。汉代后，阙在雕刻、壁画中常见，兼具实用性与艺术性。明清两代，阙发展至新高度。例如，故宫午门既是烘托性建筑，又是建筑艺术的杰作。宫殿正门前的华表、牌坊、照壁、石狮等也是烘托性建筑，兼具实用性与象征性。

（二）组群式庭院平面空间表现

中国传统建筑空间在平面布局上展现出了独特而深邃的组织规律。无论是住宅、宫殿、官衙还是寺庙等，其核心构成元素均为单座建筑与环绕其间的围廊、围墙等共同围合而成的庭院。这些庭院布局往往采取严谨的对称形式，以中心轴线为基准，两侧建筑与庭院相互映衬，共同构建了一幅秩序井然、和谐统一的建筑画卷。在组群式庭院的平面布局中，建筑与庭院相互交织、浑然一体。正如《蝶恋花》中所描绘的那样："庭院深深深几许，杨柳堆烟，帘幕无重数。"这种布局不仅强调了单体建筑的美学设计，更注重整体空间序列的精心构建。通过层层递进、主次分明的空间变化，它们创造出层次丰富且深远立体的景观效果。它们承载着家庭生活的温馨、礼仪活动的庄重以及日常起居的安逸。此外，庭院内的植物配置、水景设计、假山堆叠等元素，无不为庭院空间增添了诗意盎然的自然景致，使人能够在繁忙的生活中找到一片宁静的天地。例如，四合院中，正房居中，左右为次要和辅助用房，展现了尊卑有别、内外有别的礼仪规范，彰显了中国文化的独特性。

中国传统组群式庭院平面空间承载着厚重的历史文化底蕴和独特的东方美学韵味，注重意境的营造和心灵的沟通。

第四节　中国传统建筑空间风格与文化特征

传统建筑作为文明的重要载体，深刻反映了中华民族从依赖自然到逐步征服自然的历程。它承载着中华民族辉煌灿烂的历史积淀。从原始社会起步，历经奴隶社会、封建社会的演变，直至今天，中华文明依然熠熠生辉，展现着独特的魅力。在原始社会，我们的祖先还居住在简陋的树屋和山洞中；随着文明的进步，他们开始挖掘地下空间，构筑地下住所；最终，他们在平地上建造起宏伟壮丽的房屋，这标志着人类对自然环境的适应与改造达到了新的高度。历经数千年的不懈探索与实践，中国传统建筑在深厚传统思想与自然环境的双重影响下，孕育出了一套完整且独具一格的建筑艺术风格。这一风格不仅体现了中华民族的智慧，更是中华文化思想不可或缺的重要组成部分。

一、中国传统建筑独特性的风格

（一）传统礼制型建筑风格

礼制型建筑风格以其独特的文化内涵和严谨的建筑美学而著称。传统礼制型建筑风格的显著特征是其严格的对称布局和严谨的建筑比例。这种设计理念体现了中国古代哲学思想中追求和谐、平衡的精神内涵，以及"天人合一"的宇宙观。在建筑形态上，礼制型建筑通常采用中轴线布局，主体建筑位于中轴线上，两侧及后方配套建筑依次展开，形成一种秩序井然、层次丰富的空间格局。这类建筑往往承载着厚重的历史记忆和礼仪教化功能，是中国古代建筑艺术的重要组成部分。传统礼制型建筑在细节处理上极为考究，无论是屋顶的黄色琉璃瓦与绿色琉璃瓦搭配，还是斗拱飞檐、雕梁画栋等工艺，都体现了中国古代工匠高超的艺术造诣和技术水平。

（二）传统宫殿型建筑风格

宫殿型建筑风格以其雍容华贵的特点，在古代建筑艺术中独树一帜，尤其体现在宫殿、府邸及衙署等具有较高规格的建筑上。这类建筑群落设计精巧，布局严谨，遵循着严格的封建等级制度，又体现了极高的美学追求。在序列组合上，宫殿建筑群往往主次分明，层次丰富，从主殿到配殿，从高大的主体建筑到低矮的附属建筑，体量大小搭配得当，形成既统一又有变化的建筑韵律。无论是北京故宫的太和殿、中和殿、保和殿和乾清宫还是天安门城楼，其立面构图、檐口处理、斗拱飞檐等细节均遵循着严格的古建筑比例关系，展现出一种庄重而和谐的美感。

（三）传统居住型建筑风格

居住型建筑风格主要常见于普通的居民住宅之中，涵盖了古代的客栈、酒楼等大众日常频繁使用的建筑。这类建筑的特点在于其序列组合与生活紧密相连，设计尺度宜人且布局顺畅自然。它们通常呈现出内向型的建筑风格，外形简朴而不失古朴之美，内部装修则精致考究。北京的四合院、江南的民居等都是居住型建筑风格的典型代表。

（四）传统园林型建筑风格

传统园林型建筑风格在私家园林的营造上体现得尤为突出。这一类型不局限于宅第内部的小型园林景观，而是将自然界的万千景色与人文建筑巧妙地融为一体。私家园林的设计精髓在于其巧妙的空间布局和层次丰富的景致变化。工匠通过精心构思的借景、对景、框景等手法，将有限的空间拓展至无穷的意境之中。园林内的建筑小品，如亭、台、楼、阁、榭、舫，尺度适宜，形式多样，既满足实用功能的需求，又富含诗情画意的表达。色彩运用上，私家园林以淡雅为主调，多采用与自然环境相协调的色调，如灰瓦白墙、木质色彩或淡雅石材，使建筑与周边环境相得益彰。皇家园林和山林寺观作为特殊类型的园林风格，同样追求建筑与自然的和谐共生。例如，颐和园作为皇家园林的典范，集宫殿、园林、祭祀等多种功能于一体，其布局严谨恢宏，建筑华美壮观，又巧妙地借助山水之势，创造出一种庄重而又不失自然野趣的氛围。而苏州园林则以其写意山水的特点著称于世，无论是拙政园的开阔水域、留园的曲径通幽，还是网师园的精巧布局，都充分展示了人工与自然交融无间的艺术魅力。

二、中国传统建筑文化体系

中国传统建筑是世界上历史最悠久、体系最完整的建筑体系。从单体建筑到院落组合，再到城市规划与园林布置，中国传统建筑在世界建筑史中均占据了举足轻重的地位。作为四大文明古国之一，中国拥有悠久的历史和灿烂的文化。我国的劳动人民，凭借着他们的血汗和智慧，创造了辉煌的中国建筑。这些建筑不仅具有悠久的历史，更展现了我国人民在建筑艺术上的独特造诣。

世界传统建筑因文化与背景的差异，有七个各具特色的独立文化体系。然而，这些体系中的部分，诸如古埃及、古西亚、古印度及古代美洲建筑，或因种种缘由已中断传承，或未能广泛流传于世，其取得的成就与产生的影响相对有限。中国建筑、欧洲建筑和伊斯兰建筑则并称为世界三大建筑体系，它们不仅在历史长河中延续的时间悠久，覆盖的地域广阔，而且成就更为辉煌夺目。

中国的建筑思想深深植根于源远流长的中国文化之中，主要以汉族文化思想为核心，历经漫长岁月的洗礼和沉淀，始终维系着丰富而深厚的文化内涵。从远古的原始社会直至汉代，建筑体系逐步形成并不断完善。在原始社会早期，人类为了生存和安全，曾将天然崖洞作为栖身之所，或构木为巢，以此作为临时的居住方式。这些早期的建筑方式虽然简单，但它们反映了人类对自然环境的适应和利用。至原始社会晚期，我们的祖先在北方广泛利用黄土层作为墙体材料，建造简易的土穴或浅穴居。这些居住形式不仅实用，而且具有一定的保暖性能。随后这些居住形式逐渐延伸至地面之上。在南方地区，由于气候潮湿和多雨，干栏式木质结构的建筑则逐渐兴起，展现了独特的建筑风格。这种建筑方式既适应了自然环境，又满足了人们的生活需求。步入阶级社会后，随着生产力的提高和技术的发展，中国的建筑艺术和工程技术也取得了巨大的进步。商朝已展现出较为成熟的夯土技术，并建造了规模宏大的宫室与陵墓。这些建筑不仅体现了统治阶级的权力和地位，也展示了当时高超的建筑技艺。西周及春秋时期，统治阶级进一步推动了城市的建设，众多以宫室为核心的城市纷纷涌现。历经商、周以来的不断改良与优化，原本简朴的木构架逐渐发展成为古代建筑的主要结构方式。这种结构方式既适应了自然环境，又满足了人们的生活需求。瓦的出现与使用则解决了屋顶防水问题，成为中国古代建筑发展历程中一个极为关键的进步标志。不仅提高了建筑的防水性能，还使得建筑更加美观和耐用。

无论是以诸子百家为代表的精英文化，还是作为民俗文化的民间信仰和风俗习惯，中华传统文化的核心大多可以归结为农业文明的产物。这种农业文明的特点是以耕作为主导，社会分工相对不发达，生产过程呈现周而复始的循环。这种农耕文化以其深刻的影响力无孔不入地左右着社会生活的各个方面。建筑，尤其是官式建筑，作为社会文化的载体，在许多方面表露出与之相应的特征。

三、中国传统建筑文化特征

（一）求真务实

农耕生活铸就中华民族求真务实的风尚，通过世代农人的实践和体验，"一分耕耘，一分收获"的理念深入人心。这一理念反映了中国传统文化中的勤劳务实精神，强调辛勤努力与扎实付出。农耕劳作中，农人深谙"利无幸至，力不虚掷"的真理，尊重生命与热爱生活。这种勤劳务实精神体现在物质生产上，也滋润文化人的心田，让其追求真实、朴素而深邃的美学境界。"大人不华，君子务实"的理念深入人心，成为贤哲们的信仰，引领民族精神发展。中国传统文化中的"君子"是人格高尚、行为端正的典范，强调脚踏实地、身体力行，反对浮夸虚饰。这种"重实际而轻玄想"的精神风貌得以体现，形成了根深蒂固的民族精神。这种实用理性的务实精神在建筑中得到展现，传统与现代建筑都体现了对实用性的极致追求，展现了中华民族对实干精神的贯彻和发扬。

1. 重结构逻辑与轻附加装饰

中国传统建筑以精湛的木制框架结构技术为基础，强调结构逻辑的真实性和细节的力量与美感。从檩、桁、梁、柱到基础，每一部分都承载着结构力学的精髓，关系清晰。木制框架结构技术体系是中国传统建筑的基础，其强调结构逻辑的真实性，注重细节传递出的力量与美感。檩、桁、梁、柱等构件彼此间关系清晰明了，共同承载着建筑的力学精髓。"彻上露明造"是中国古典建筑室内装修中的一种独特做法，旨在解决木材因潮湿而朽坏的问题。工匠巧妙地选择不另设天花，而是将屋顶构架的构造完全暴露出来，对各个构件进行适当的装饰处理。这种做法不仅解决了木材朽坏的问题，还形成了别具一格的建筑风格和装饰效果。中国传统建筑中，纯粹为了装饰而存在的构件寥寥无几。每一个构件都承载着实用性和构造逻辑的真实性。古代工匠在设计和建造过程中充分考虑了构件的功能性和结构性需求，确保其在满足使用要求的同时具备艺术美感。这种对细节的关注和追求使得中国传统建筑既具有实用性又具备观赏性。

2. 重人体尺度与轻高大永恒

中国传统建筑体系始终坚守并传承着一种节制的人本主义理念，这一理念深深植根于中华文化的土壤之中，为各类建筑的建造提供了根本的原则指导。这一理念强调在建筑设计中要充分考虑人的需求与感受，注重建筑与人的和谐共生，体现了对人性、生活与自然环境的深深尊重。与中国传统建筑相比，西方教堂的宏伟壮观往往体现在其超乎常规的尺度上，通过夸张和象征的手法表达出一种神圣而庄严的氛围。然而，中国建筑则以小尺度为单位，以"院"为核心元素，通过精心设计与布局，这些小尺度空间有规律地衍生扩展，最终形成规模宏大的建筑群。无论是宫殿、庙宇还是园林，无论其整体规模如何庞大或复杂，人在其中活动时，总能感受到它们与人的亲密和适宜的尺度。这种以人为核心的设计取向深刻体现了中国传统文化中实用、理性的主导地位。建筑的本质是为人的生活服务，为人的精神世界提供寄托和慰藉，因此建筑师在设计时更注重建筑的实用性和人的心理感受。相较于西方的超尺度表达，中国建筑更加强调现实生活中的平衡与和谐，这体现了中国人对于生活的一种独特理解和智慧。

在中国建筑的审美体系中，院落成为人们感知和体验建筑美的核心载体，决定了观者对建筑群的审视方式。工匠仅对院内视线所及的建筑立面进行精雕细琢，而对于无法直接观照的建筑侧面，则任其保持质朴无华的状态，这种以面为单位的景致变换与西方以体为主导的审美观念形成鲜明对比。

（二）恒久变易

在农业社会中，人们往往满足于维持简单再生产，缺乏推动扩大再生产的动力，因此社会的运行速度相对较慢，整体呈现出一种静态的平衡。这样的环境容易孕育出永恒的意识，使人们认为世界是悠久且静态的。对于变革的抵触，在精英文化中体现为一种追求"久"的观念。这种追求表现为对器具的"经久耐用"的喜爱，对统治方式的稳定守常的期望，以及对家族延续的永久祈求。

建筑恒久观念催生了"守常"意识，这种意识主张以恒定应对万变，坚信世界在不断变迁，而内心却坚守着不变的准则。在中国传统的设计哲学中，对房屋、车辆、服饰、礼仪器具等的设计，均秉承着一种极具包容性的通用式设计理念，以确保在面对使用情境的变化时，依然能够得心应手地使用。中国传统的房屋设计原则就体现了这种通用式的设计思想，不论其用途如何，都力求适用、耐用。广泛适应性和经久耐用性成为设计师追求的核心目标。在建筑设计领域，另一方面则逐步演进出一种成熟稳健的"标准化"建造模式。中国传统建筑体系所依托的框架结构与标准化体系，恰好顺应了恒久不变与适时变通的社会心理需求。空间与序列的千变万化，最终都得以在平实且定型的标准化框架中得以落实，成为一种运用自如的设计手法。

在探究事物的过程中，以不变应万变的心态源于道家"无为而治"的哲学思想及儒家"克己复礼"的道德伦理，强调通过内心的修炼和自我提升来达到超越时空、融通万物的境界。中国传统文化中，这种心态体现在对"参悟"的独特情感上。参悟不仅是领悟，更是感受、点拨、觉悟的交织。它要求人们深入事物本质，感受启示和教诲。这种思想在古代建筑中得以体现，古代建筑追求对美和对生活的热爱，注重空间序列安排，体现了建筑师的匠心独运。随着道路蜿蜒，穿过一道道大门，院落相继呈现，让人豁然开朗。古典园林注重领悟、层次和气氛，将自然风光与人文景观融合。建筑师利用山水、花木、建筑等元素，创造出意境深远、情趣盎然的园林景观。这些景观能满足人们的审美和内心需求，带来精神愉悦和满足。古人追求感受与领悟，从而形成古建筑群体独特的内涵和魅力。

（三）中庸内涵

"中庸"的"中"寓意适应与和谐，"庸"则象征持久不变。在建筑领域，这一哲学观念体现为追求内在气质而非外在张扬之特性。诚然，君子之建筑，亦当以"讷之于言"为要。中国建筑素以精华内蕴、高潮藏匿于深处而著称，外表仅显朴质之墙。农耕文化之内向特质，使得中国古代建筑必然选择这种重感悟、重内涵的建筑布局方式。

自古以来，"神不歆非类，民不祀非族"的观念深入人心，成为世代相传的一种坚定信仰。在中国，宗法制度不仅承载着政治权力的统治职能，更融合了血亲间的道德约束，形成了独特的双重属性。无论是社会经济形态的演变，还是国家政权形式的更替，尽管历史长河中历经风雨变迁，中国社会的基石始终如一——由血缘纽带紧紧维系的宗法性组织深深植根于家族情感与亲情的结构之中。中华民族在由农业社会形态历经氏族制度解体的历史进程中，血缘纽带的解体过程不够彻底，导致在后续世代中，大量源自氏族社会遗留的特质得以延续。氏族社会以血缘家族为基础构建的农业乡村，最终孕育并塑造了中国持续千年的宗法制度。

在中国传统建筑中，显著特征之一是所有建筑形式均源自住宅，且均以住宅概念为基石。具有多功能性，住宅可以转变为佛寺，官署也源于官员的居所。佛寺是佛祖的栖身之所，皇宫则是皇帝的住宅。商店也遵循"前店后居"的模式，体现了商店的居住功能。在古代，住宅与房屋的含义浑然一体，无异无别。初期，住宅被称为"宫室"，后演化为"居处"。居处，顾名思义，是人们生活起居的场所，涵盖了所有户内工作的空间。在这个广义的概念下，无须对房屋种类进行细密划分。在中国古代社会中，"家"为社会结构的基本细胞，这种"家国同构"的特质深入人心。在这样的社会背景下，一切思考与考量皆以"家"为出发点和落脚点。家成为社会思考最基本、最核心的单位。这一点在古代建筑上得到了淋漓尽致的体现。由于家的重要性，中国古代建筑自然而然地以住宅为发展的原型和核心特点。

中国传统建筑体系深深植根于农耕文化的土壤之中，这种建筑艺术深受农耕意识形态的影响，强调人与自然、社会与家庭的和谐共生。这种建筑体系与社会紧密相连、相互映衬，共同构建了中华民族独特的社会风貌。

第二章　中国现代建筑空间

第一节　现代建筑空间的定义与特点

在中国现代建筑语境中，以小写字母开头的"modern architecture"广义地涵盖了现代建筑的发展脉络，而以大写字母开头的"Modern Architecture"或"Modernism"则特指狭义上的现代建筑流派。建筑在中国悠久的历史文明中虽然占据着举足轻重的地位，但由于建筑工匠在社会结构中的地位不高，中国一直未能像西方文明那样将建筑视为一种独立的艺术形式。然而，随着中国现代社会的蓬勃发展，经济的繁荣极大地推动了建筑工匠的社会地位提升，这一地位的提升达到了前所未有的高度。与此同时，随着社会的快速发展，各种文化现象失去了传统的固定标准的约束，开始呈现出多元化的趋势。

一、中国现代建筑的发展背景

在封建社会的严格闭关政策下，西方建筑的传入受到了严重的阻碍。直到19世纪，除了北京圆明园的西洋楼、广州的"十三夷馆"以及个别地方的教堂等少数西式建筑外，中国与西方近代建筑文化基本上处于隔绝状态。鸦片战争的爆发改变了这一状况，各种形式的西方建筑开始陆续在中国土地上出现，这一进程无疑加速了中国建筑的变化。

中国现代建筑呈现出新旧两大体系并存的格局。旧建筑体系作为传统建筑遗产的延续，不仅保留了原有的功能布局、技术体系和风格面貌，还在与新建筑体系的交融中悄然发生了局部变革。新建筑体系则是由西方引进与中国本土创新并重的新型建筑构成，它们代表着现代的新功能、新技术和新风格。即便是引进的西方建筑，也都在不同程度上融入了中国的独特建筑元素。从数量上看，旧建筑体系仍占据主导地位。广袤的农村、繁华的集镇、中小城市乃至大城市的旧城区，仍以旧体系建筑为主流。这些民居和其他民间建筑大多保持着因地制宜、因材致用的传统智慧和乡土特色，尽管在局部使用了近代的材料、结构和装饰。然而，从建筑的发展趋势来看，新建筑体系正逐渐成为中国现代建筑的主流。

二、中国现代建筑的探索初期

中国现代建筑的探索初期指从 1840 年鸦片战争至 1949 年中华人民共和国成立这一时间段。在此期间，中国的建筑处于一个承前启后、中西融合、新旧交替的过渡时期，这是中国建筑史上经历深刻变革与发展的关键阶段。中国现代建筑的探索初期可以大致划分为四个阶段。

（一）从鸦片战争到甲午战争时期

从鸦片战争到甲午战争时期，西方近代建筑开始传入中国。受西方列强侵略和通商口岸开放的影响，大量西方建筑随西方人传入。他们在通商口岸租界区进行大规模建筑活动，建造了多种新型建筑，多为当时西方流行的砖木混合结构，外观呈欧洲古典式或券廊式。此外，洋务派和民族资本家创办新型企业，营建房屋多为木构架结构，但小部分引进了砖木混合结构的西式建筑，以适应现代化需求。尽管西式建筑数量不多，但其影响深远，打破了中国建筑传统的封闭状态，提供了新的思路和方向，成为中国近代史上重要的文化遗产，见证了从传统向现代过渡的历史进程。

（二）从甲午战争到爱国运动时期

这个时期西式建筑影响逐渐扩大，新建筑体系开始形成的时期。自19 世纪 90 年代起，纷纷在中国设立银行、兴办工厂、开采矿山，并争夺铁路修建权。随着火车站建筑陆续涌现，厂房建筑数量逐渐增多，银行建筑也显得格外引人注目。第一次世界大战期间，中国民族资本迎来了"黄金时代"，轻工业、商业、金融业均获得了显著发展。在这一背景下，引进西式建筑成为国内工商事业和城市生活的普遍需求。经过这一时期的快速发展，中国近代的居住建筑、工业建筑和公共建筑的主要类型已基本齐备。同时，水泥、玻璃、机制砖瓦等近代建筑材料的生产能力也得到了初步提升。砖石钢骨混合结构得到广泛应用，钢筋混凝土结构也初步得到使用。此外，中国近代的建筑工人队伍逐渐壮大。一批在国外学习建筑设计的留学生学成归国，成为第一批现代建筑师。

（三）从爱国运动到全民族抗战爆发时期

这个时期，中国近代建筑事业达到巅峰。上海、天津、北京、南京等城市建筑活动频繁，留下了许多高质量的建筑。南京制定了《首都计划》，依据规划，一批行政、文化、居住建筑将崛起。上海外滩地区更是近代建筑的代表，技术、设计均达先进水平。上海、天津、广州、汉口及东北的城市新建了现代化高楼，这些建筑技术先进，设计考虑现代审美，与周围环境和谐共存。20 年间，建筑技术显著进步，部分建筑与国际接轨。中国建筑师队伍壮大，留学归国者成立事务所，国内大学设立建筑专业并引进和传播外国建筑技术与思想。1927 年，中国建筑师学会和上海市建筑协会成立，并出版《中国建筑》和《建筑月刊》。1929年，中国营造学社成立，梁思成、刘敦桢等进行开创性研究，为中国建筑史学科奠定了基础。这些学会和专业交流推动了我国建筑设计与研究的发展。这一时期中国建筑师不仅引进和传播外国建筑技术与思想，还注重将传统文化与现代审美结合，设计和建设具有中国特色的建筑。这些建筑融合传统元素与现代技术，形成了独特风格。

（四）从全民族抗战爆发到中华人民共和国成立时期

从1937年全民族抗战爆发到1949年中华人民共和国成立这一阶段，中国近代建筑事业陷入了停滞状态。战争的破坏以及国内战争环境的限制使得中国的建筑活动相对较少。尽管通过西方建筑书刊的传播和少数归国建筑师的介绍，中国建筑师得以接触国外的现代建筑思想，但受限于国内战争环境以及技术和设备的短缺，这些现代建筑思想对中国的建筑实践并未产生太大影响。这一时期的建筑活动主要集中在军事设施、政府机构和基础设施的设计和建造等方面，而这些设施的设计和建造往往受到战争环境和技术的限制，难以展现太多的创新和特色。

三、中国现代建筑的发展新时期

中国现代建筑的发展新时期始于1949年中华人民共和国成立，一直延续至今。这期间经历了四个不同的时期：国民经济恢复时期、第一个五年计划时期、国民经济调整与推进时期以及建设社会主义现代化国家的新时期。

（一）国民经济恢复时期

中华人民共和国成立后，着手修复战争创伤，促进国民经济复苏。1952年底前，工农业生产恢复至历史最高水平，各领域均展现生机。建筑领域因国力有限，展现出以下特点：规模相对较小，进展迅速，高效组织执行；造型简洁、装饰较少，但部分建筑仍反映现代建筑思想的延续。1952年8月，中央人民政府建筑工程部成立，标志着中国建筑行业的新阶段。随后国家在北京等城市设立国营建筑公司和设计单位，提供技术支持和保障。第一次全国建筑工程会议提出了国家基本建设方针：国防第一、工业第二、普通建设第三、一般修缮第四。这体现了国家战略选择和发展重点。会议还确定了建筑设计总方针其主要内容是注重适用性，兼顾安全性、经济性，并适当考虑美观性。这为中国建筑发展指明方向。适用性满足用户需求功能，兼顾安全性确保结构稳定，兼顾经济性以降低成本，考虑美观性，协调外观与周围环境。

此时期建筑活动展现出旺盛活力，虽全国注册建筑师不足 200 人，但他们各自发挥创作思想，设计注重功能、符合国情，建筑呈现代特征，效益良好，其主要建筑活动如下。

1. 行政建筑

建造行政建筑的核心目的在于适应政权建设的实际需求。这类建筑往往采用三层钢筋混凝土框架结构，其设计特色包括大开间、大进深以及平直的屋顶。外墙多采用填充墙构造，部分设计带有形窗，而装饰性构件则较为罕见。这种风格体现了建筑师对现代建筑原则的深刻理解和熟练运用。在北京西郊的建筑群、兰州某部队的建筑群以及济南八一大礼堂等建筑中，都可以看到这种风格的典型应用。以武汉洪山礼堂为例，它以方柱支撑起一个坚实的建筑体量，形成了正立面的主体框架。其室内设计在简约的基础上追求装饰效果，而室外则将台阶、花坛与建筑主体融为一体，共同构成了外形简洁明快的现代建筑风貌。

2. 公共建筑

公共建筑在文化教育、生活福利以及大型公共建筑等领域有着显著体现。其代表作包括上海同济大学的文远楼、济南山东机械学校的食堂与学生宿舍、武汉医学院医院、广州第一人民医院、北京儿童医院、重庆劳动人民文化宫剧场及北京和平宾馆等。这些建筑在功能和设计上追求精益求精，造型简约而富有创新，展现出现代建筑的魅力。其中，上海同济大学的文远楼为教学楼的典范，其设计巧妙地将阶梯教室与一般教室灵活组合，立面处理则顺应阶梯形态，并设有阶梯形的窗户，既实用又美观。北京儿童医院在功能布局上同样出色，其造型朴实而庄重，屋顶角部略做起翘，栏杆上简约点缀中国传统纹样，透露出淡淡的中国传统建筑神韵。重庆劳动人民文化宫剧场由徐尚志设计，其平面呈扇形，正立面为弧形，仅有几根流线型的钢筋混凝土柱子支撑，展现了设计思想的进步和技术的精湛。北京和平宾馆在布局上则巧妙地保留了院内的树木，以不对称的手法进行设计，建筑物底层开设过街楼，既解决了交通问题，又增添了建筑的层次感。外表质朴的建筑物仅在平墙面上开洞。广州文化公园中的一组建筑也颇具特色。为了举办华南土特产展览大会，在战争废墟上建起了 12 幢半永久性的展览馆，形成了一个深受群众喜爱的文化娱乐场所。这些个体建筑规模虽不大，但形态各异，适应自然环境，运用地方材料，森林馆、水产馆等，都反映出清新的现代手法和浓厚的地方特色。

3. 城市建筑

城市建设的主要焦点在于修复战争带来的创伤，并稳步推进城市的发展与建设。在 20 世纪 50 年代初期，除了修复受损的民房外，还建设了简易住宅，以满足居民的基本住房需求。上海、北京、天津和广州等城市还兴建了少量具有里程碑意义的新型工人新村，如上海的曹杨新村。这些新村的建筑布局巧妙地依水就势，不仅经济实用，而且注重居民的生活品质。该新村的规划和住宅设计都彰显了进步的理念，是社会制度变革后诞生的第一批新型居住建筑。此外，鞍山工人住宅区和沈阳铁西工人住宅区等也是这一时期具有代表性的建筑实例。这些城市还对道路和给水排水管网进行了全面的整治，显著提升了市容和生活环境的质量。

（二）第一个五年计划时期

第一个五年计划中国进行了大规模的基本建设，以156个重大建设项目为关键支柱，旨在奠定社会主义工业化的坚实基础。在这一过程中，住房、公共设施及基础设施等领域均取得了显著成就。有效缓解了城市居民的住房压力，显著提升了他们的生活品质。为了应对工业建设的巨大挑战，建筑工程部下属的设计院成功转型为工业建筑设计院。这一转变不仅推动了建筑设计行业从传统模式向工业化体系的高效过渡，还培养了一支专业化的人才队伍，并显著提升了行业的技术水平和管理能力。在这个过程中，设计师高度重视建筑的功能性与经济性的和谐统一，他们积极探索并创新建筑形式，以推动建筑设计行业的持续进步，为国家的现代化建设奠定了坚实的基础。

当时，在建筑领域掀起了学习苏联的热潮，导致对西方经验的排斥，形成了"一边倒"的态势。在汲取苏联建筑经验的过程中，中国在城市规划、建筑设计、施工管理等方面取得了一定成就。当全国人民满怀民族自豪感地投身于国家大规模建设之时，中国建筑师寻求在建筑中体现民族固有的建筑艺术风格。他们通过不同的途径探索了具有不同民族和地方特色的建筑。可以归纳为以下四种形式。

1. 大屋顶形式的民族建筑

大屋顶形式的民族建筑巧妙地融合了砖石与钢筋混凝土的结构，最上层特别设置了宏伟的大屋顶。建筑风格通常分为垂直三段式构造，包括基座、墙身和屋顶，而这类建筑则在此基础上增加了水平五段式的中段主体，两侧延伸出两个侧翼，并巧妙地设置了两个连接部分。其屋顶结构采用钢结构或木结构，檐口构件不仅用混凝土精心浇筑而成，还在表面施以细腻的彩画，为建筑增添了独特的艺术韵味。这类建筑在特定环境中展现出了独特的效果。例如，北京友谊宾馆的中部采用重檐歇山顶铺绿琉璃瓦，为迎接外宾提供了适宜的场所；北京地安门机关宿舍大楼位于北京中轴线两侧，采用大屋顶设计，不仅具有重要的城市景观意义，更成为一道独特的风景线。

2. 少数民族色彩形式的民族建筑

少数民族色彩形式的民族建筑以其鲜明的民族特色和典型形象为显著特征，如蒙古族的蒙古包、回族的尖圆顶。它们承载着各民族长期形成的建筑艺术精髓。例如，内蒙古自治区鄂尔多斯市的成吉思汗陵、新疆乌鲁木齐的人民剧场不仅是民族文化的瑰宝，更是中华民族多元一体格局的生动写照。

3. 地方和民间传统形式的民族建筑

地方和民间传统形式的民族建筑巧妙地运用了地方特色材料，并借鉴了民居风格，塑造出一种质朴无华、令人倍感亲切的形象。例如，上海虹口公园的鲁迅纪念馆便以南方民居的典型元素——白墙、灰瓦、马头山墙等，巧妙地展现了鲁迅先生质朴无华的气质。而北京的对外贸易部大楼则体现了北方民居的韵味，采用普通灰砖、灰瓦以及卷棚顶栏杆等简洁的建筑元素，即便是大型公共建筑也因此显得格外和谐而独特。

4. 新型功能形式的民族建筑

新型功能形式的民族建筑作品根植于现代建筑结构与功能的基石之上，巧妙融入了构件形态与装饰纹样的民族元素，以此探寻并彰显民族形式的美学内涵。其中，北京天文馆为展示天象的标志性建筑，以其围绕天象厅球顶为核心的空间处理手法，既简洁又富有创意，展现出独特的建筑美学。北京建筑工程部大楼高 7 层，采用砖混结构，古朴雄伟，简繁得宜。而北京首都剧场、北京电报大楼、北京友谊医院、南京曙光电影院、杭州饭店、兰州饭店、广州华侨大厦等均属于这一类型。

（三）国民经济调整与推进时期

国民经济调整与推进时期，建筑界掀起了一场以快速设计为核心，以技术革新与技术革命为驱动的建筑热潮。在这一时期，建筑界不仅积极探索薄壳结构、悬索结构等新型结构体系，一些单位还致力于设计工具的革新，如引入活版设计、图表设计，以提升设计的效率与准确性。尽管面临诸多挑战，广大建筑工作者仍凭借辛勤的劳动和不懈的努力，在特定条件下仍然取得了一些重大进展。

1. 重要的国内工程

1958年，我国开始建设标志性的工程。其中，人民大会堂建筑面积宏大，可容纳万余人，并配备现代化设施，其复杂的功能布局、高标准的工程质量创造了当时纪录。民族文化宫展现了民族风格与高层建筑技术的巧妙融合，由科研、礼堂、文娱馆和招待所组成，中央塔楼高起过60m，屋顶采用绿色琉璃瓦双重方形攒尖顶设计。北京火车站的创新建筑结构与民族特色完美融合，中央大厅和高架候车厅采用钢筋混凝土扁壳结构，两座43.37m高的钟塔展现了民族风格与现代技术的融合。民族饭店成为当时中国装配式高层框架结构的典范，总高48.4m，拥有1200个床位。天安门广场改建后宽500m，长1090m，两侧建筑物高度控制在30～40m；广场中央的人民英雄纪念碑巍峨耸立，碑高37.94m，以浮山花岗石为主体材料。国内工程不仅展现了当时设计和施工水平，更体现中国共产党领导下新一代人的伟大信念和精神追求。这些建筑在技术上取得重大突破，在精神上成为全国建筑创作的宝贵财富。

在此期间陆续完成了一些其他工程。北京工人体育馆比赛大厅的圆形直径为110m，采用净跨94m的圆形悬索结构（当时国内最大）屋顶，创造出明快的体育建筑形象。上海虹桥机场等均为此时期完成的重要工程。还完成了武汉的计量中心实验楼等首批科学实验建筑。

在这一时期，我国对外关系得到了显著的发展，北京迎来了一批标志性的外事建筑。16 层的外交公寓、友谊商店、国际俱乐部等建筑拔地而起，成为北京外事活动的重要场所。而在使馆区，更是兴建了近百个大使馆，如巴基斯坦驻华大使馆，这些大使馆不仅数量众多，而且风格各异，为北京的外交事业注入了新的活力。外交公寓以其塔式和板式体型相结合的独特设计成为北京第一批较高的建筑，展现了北京现代化建设的成就。而使馆则比较轻巧活泼，一些使馆还巧妙地融入了派遣国的建筑特色，使得这些建筑不仅具有实用性，更具有文化内涵和艺术价值。

2. 引进的项目工程

自 1973 年起，中国从日本、美国、法国、意大利、联邦德国、荷兰、瑞士等诸多国家引进了一批先进的工业设备，涵盖了 13 套化肥设备、4 套化工设备、3 套石油化工设备、3 套电站设备，以及武汉钢铁公司的 1.7m 轧机等。这些大型工业项目的成功实施得益于中国建筑设计和施工力量的精心投入。工程实例有上海石油化工总厂、辽阳石油化纤公司生活区等。

3. 建在国外的工程

自 1956 年起，中国开始了国外建筑工程建设的征程。最初的工程项目，如蒙古国的苏赫巴托工厂、乌兰巴托跨线桥、百货大楼及乔巴山国际宾馆，是中国对外援助的初步尝试。随着国际合作的不断深化，对外援助逐渐扩展到越南、柬埔寨、朝鲜、阿尔巴尼亚等国。到了 1960 年，我国已经成功实施了数十个项目。1976 年，工程项目增至 213 个，所在国家 48 个。会堂、办公楼和体育建筑等高级民用建筑日益增多。影响较大的有阿尔及利亚展览馆，斯里兰卡国际会议大厦，苏丹友谊厅等。这些项目均充分结合了建筑所在国的自然条件、民族特色和文化背景，因此深受欢迎。如斯里兰卡国际会议大厦，其环境氛围庄严肃穆，符合功能需求，展现了当时较高的设计水平。

4. 其他工程

这一时期，全国各地均呈现出了诸多建筑工程。上海首先成功构建起沿街建筑，使得街道的整体风貌得以呈现，广场四周的建筑物错落有致，色彩斑斓夺目。上海同济大学的餐厅则凭借其独特的结构设计而引人注目。该餐厅采用外跨 54m、厅内净跨 40m 的整体式钢筋混凝土联方网架，营造出新颖且富有创意的建筑形象；室内天花板设计浑然一体，充分展现了结构之美。而重庆宽银幕电影院同样以其创新的设计而备受瞩目，其由三个筒形薄壳立面和五个筒形薄壳组成，展现了全新的影院形象。这一设计在满足功能需求的前提下，巧妙地运用了新的结构和技术，成功创造了新颖的建筑形式。

为满足对外贸易发展的需求，南方口岸广州兴建了一系列宾馆与公共建筑，包括广州宾馆、白云宾馆、友谊剧院、中国出口商品交易会展览馆、东方宾馆、流花宾馆及矿泉别墅等。这些建筑巧妙结合了当地自然条件，环境优雅宜人，平面设计灵活多变，选材恰当，且在造型上大胆突破。其他城市的建筑同样展现了创新精神和多样性。例如，观众厅直径达 110m 的上海体育馆，其圆形三向钢管球节点网架屋顶独具匠心；杭州浙江体育馆则采用了马鞍形悬索结构屋顶，别具一格；南京五台山体育馆以其长八角形的平面造型，展现了其独特的力学美感；首都体育馆设备完善，功能多样，体现了现代化体育场馆的先进性。此外，上海漕溪北路的高层住宅、仿古建筑扬州鉴真纪念堂及韶山毛主席纪念馆等，都在不同程度上展现了创新精神和独特的设计风格。

5. 学术活动

建筑学术活动在此期间异常繁荣，不仅深入探讨了住宅问题，还广泛涉及建筑艺术的核心议题。专家们积极探讨了如何使建筑艺术的创作更好地适应社会的经济、政治、文化背景以及人民的生活习惯和需求，同时深入研究了其内容与形式、传统与创新之间的平衡与冲突。这一时期的建筑学术活动还催生了一部大型建筑设计工具书——《建筑设计资料集》的编纂。这部书籍的出版受到了广大建筑工作者的热烈欢迎，前三集的出版时间分别为 1964 年、1966 年和 1978 年，每一集的出版都为建筑设计领域提供了宝贵的参考和指导。

（四）建设社会主义现代化国家的新时期

自 1979 年起，随着党的十一届三中全会精神的贯彻落实，建筑学术领域逐渐呈现出勃勃生机。这一时期，建筑界的一个显著特征是对国外建筑理论和现代建筑经验的重新审视与借鉴。越来越多的中国建筑学家和建筑师勇敢地踏出国门，学习并借鉴先进的建筑设计理念和技术手段。他们通过深入研究和实践探索，巧妙地将国外优秀的建筑经验与本土特色文化相结合，为中国的建筑设计注入了新的活力。在这一时期，一批由中国建筑学家和建筑师撰写的学术著作相继问世。这些著作不仅总结了中国建筑发展的经验教训，还为后来的建筑设计提供了宝贵的参考资料。广泛开展的设计竞赛和专题学术讨论为建筑界注入了新的活力。政府主管部门积极推动建筑设计的繁荣发展，并组织评选优秀建筑设计活动。这些活动不仅激发了长期以来被禁锢的思想活力，更显著提升了中国的建筑学术水平。

在逐渐改善的创作环境中，中国建筑活动迎来了全面繁荣的新阶段。这一时期的特点主要表现：一是建筑设计理念的更新，建筑师们开始关注人的需求和心理感受，注重建筑与环境的和谐共生。二是建筑技术的创新，新的建筑材料、技术和工艺不断涌现，为建筑设计提供了更多的可能性。三是建筑风格的多样化，从传统的古典风格到现代的摩登风格，从简约到复杂，各种风格的建筑竞相涌现。四是建筑作品的国际化，中国的建筑作品走向世界舞台，赢得国际社会的认可和赞誉。五是建筑教育的改革与发展，高等院校的建筑教育体系逐渐完善，并培养了大量优秀的建筑人才。六是建筑业的社会地位和影响力提升，建筑是城市建设和国家发展的重要组成部分，其社会地位和影响力日益提高。七是建筑业的市场化程度提高，随着改革开放的深入推进，建筑业的市场化程度不断提高，企业竞争力和效益不断提升。八是建筑业的技术创新和管理水平提升，随着科技的不断进步和管理水平的提升，建筑业的技术创新和管理水平不断提高，为建筑质量的提升提供了有力保障。

1. 村镇建设

中国的改革历程始于农村，农村建房的热潮成为新时期的一个显著特征。这个时期，全国乡村新建住房面积达到了 34 亿 m²，这一数字超过了之前近 30 年的总和。到 1984 年，农村住宅混合结构所占的比例已攀升至 28.5%。近年来，一些经济条件较好的农民纷纷建起了"别墅式""园林式""庄园式"的住宅。农村中各种新型建筑类型如雨后春笋般涌现，包括少年宫、文化中心、集镇影院、新型工厂、体育建筑等，为农村带来了前所未有的活力与变化。

2. 城市住宅建设

城市住宅的年建造面积在 1980 年达到了惊人的 1 亿 m²，随后在 1984 年更是跃升至 12354.3 万 m²。经过 35 年的不懈努力，人均住宅面积稳步增长，彰显了我国城市住宅建设的辉煌成就。这种增长趋势在 2016 年得到进一步的体现，全国居民人均住房建筑面积已高达 40.8m²，充分展示了我国城市住宅条件的显著改善。同时，住宅设计水平也稳步提升，不仅体现在居住环境的设计上，更加注重道路、绿地、休憩园地、小品等的建设，力求打造宜居的生活环境。此外，住宅的室内设计也焕然一新，平面布局更加合理，设备条件更加完善，为居民提供了更加舒适的生活体验。

3. 现代服务业建筑

实行对外开放政策以来，赴华访问、旅游、观光的人数呈现持续增长的趋势，国内服务业建筑的热潮也随之涌动。其中，不少旅馆是由外资或中外合资兴办的，既有纯粹由外国建筑师设计的案例，也有中外合作设计的典范。这为中外建筑思想的交流、碰撞与融合提供了一个生动的平台。在外国建筑师设计的旅馆中，北京香山饭店堪称杰出代表。香山饭店的设计者在将中国的历史和文化传统与现代化建筑相结合方面，提出了富有新意且极具价值的思路。

中国建筑师精心设计的服务业建筑如广州白天鹅宾馆、上海龙柏饭店及上海宾馆，均是这一领域的杰出代表。白天鹅宾馆巧妙地引入了当时国际上流行的四季厅概念，并独具匠心地打造了"故乡水"室内水景，将岭南园林的精妙手法与现代建筑风格融为一体，营造出浓厚的中国传统氛围。上海龙柏饭店在建筑设计上大胆创新，其独特的造型与周围的自然环境和谐共融，展现了中国建筑师的独特视角和卓越技艺。上海宾馆则在提高平面使用效率方面付出了辛勤努力，其室内设计风格高雅，流露出浓厚的传统文化韵味，彰显了中国建筑师的匠心独运。在对比与冲突中，中国建筑师们借鉴国外的设计理念、技术、设备材料和科学管理方法，同时紧密结合国情，展现出自己的独特才能和卓越创造力。

随着我国经济健康、稳定、快速发展，国内旅游业蓬勃发展，境外游客数量激增。这一趋势使得我国旅馆建筑行业迎来了又一个改扩建、新建的黄金时期。当前，由于信息网络的深度介入，我国旅馆建筑各部分空间功能被赋予了全新的含义，为旅客带来更加丰富多样的居住体验。

4. 高层建筑

随着城市用地的日益珍贵以及建筑技术的不断创新，中国建筑史上掀起了一股高层建筑的营造热潮。高层办公楼尤其集中在北京、上海、广州等大城市和经济特区，其中北京国际大厦、上海联谊大厦、深圳国际贸易中心大厦等成为具有代表性的杰作。其他地区也纷纷兴建了多层办公楼，高层建筑确实能够有效地节约用地。自 20 世纪 70 年代起，高层住宅在北京、上海等大城市崭露头角。随着 1979 年住宅建设量的急剧增加，大城市用地紧张状况越发凸显，高层住宅在住宅总量中的比例也随之上升。1982—1984 年，北京、上海每年都有数百栋高层住宅竣工。深圳作为中国经济特区和创新城市，对现代化建筑技术和城市规划理念有深刻理解和实践应用。一方面，高层建筑能够极大地提高城市土地利用率，尤其是在寸土寸金的市中心区域。通过垂直拓展空间，不仅容纳了更多的功能区域，也有效缓解了城市空间拥挤的问题。另一方面，综合性高层建筑往往采用大堂分层设计，底层或低层为商业裙楼，集购物、餐饮、娱乐、公共服务等功能于一体，不仅满足了市民多元化、一站式的生活消费需求，也有效提升了城市商业活动的活跃度和城市形象。而上部住宅区则通过合理的户型布局和绿化设计，营造出宜人的居住环境，这样既满足了城市居民对高品质生活的追求，又解决了城市发展过程中的住房问题。

5. 建在国外的工程

在这一时期，众多国外的高级公共建筑、体育设施以及加工厂等项目得以顺利完成。塞拉利昂警察总局办公楼作为其中的代表性建筑，展现出湿热地区建筑的特征，并被亲切地命名为"友谊大楼"。喀麦隆文化宫则巧妙地结合了山丘地形，形成了不对称且自由的格局，室内装修也充分利用了当地材料，展现了建筑与自然的和谐共生。此外，贝宁友谊体育场、毛里塔尼亚国家体育场及巴基斯坦伊斯兰共和国体育综合设施等项目，也是这一时期的杰作，它们不仅在功能上满足了人们的需求，更在视觉上给人留下深刻印象。2017 年，中国建筑与埃及方面成功签署了埃及新首都中央商务区项目的总承包合同，合同金额高达 30

亿美元。该项目位于埃及新首都一期核心区，总占地面积约 50.5 万 m²，总建筑面积约 170 万 m²，这无疑展示了中国建筑的实力与魅力。

6. 古建筑的保护和修建

自 20 世纪 50 年代起，中国的古建筑保护与修复工作悄然展开。北京故宫、西藏罗布林卡及沈阳故宫等历史悠久的建筑得到了精心的修缮，河北赵州桥加固，这些举措标志着国家对古建筑保护的高度重视。进入新时期以后，政府采取了一系列积极有效的措施，对文物古迹和古建筑进行了系统的保护。许多地区结合当地的文化遗迹，建了一些仿古建筑，甚至复建了一些历史上著名的建筑，如西安青龙寺、四川江油太白堂、北京古观象台和武汉黄鹤楼。北京琉璃厂和天津古文化街以修复和新建仿建筑的形式，保留文化传统和民风习俗，丰富城市风貌，提升文化生活品质。黄鹤楼是易地重建典范，在原有资料的基础上，结合诗文中的形象进行再创造后焕发新生机。江南三楼中的岳阳楼也已经整修，滕王阁已重建。多学科知识广泛应用于古建筑修复和保护工作中，投入力度也在不断增加。通过采取科学有效的修复和保护措施，古建筑风貌得以延续和传承。

四、中国现代建筑空间发展分析

建筑作为人类卓越智慧的结晶与最古老的艺术形式之一，不仅承载着传统的厚重，也闪耀着现代的光辉，展现了一个复杂多元、共生共存的奇妙世界。然而，现代主义在强调建筑的时代感的同时，却往往忽略了对于历史文化的尊重与传承。这种片面追求新颖与时尚无疑是对人类历经沧桑所积累的丰富文化的一种简单化解读。特别是在那些拥有悠久历史、深厚文化底蕴的城市中，现代建筑设计过于追求标新立异，往往忽略了其与城市整体艺术风格和历史特色的和谐统一，以至于城市的古老韵味与现代气息难以交融，破坏了城市原有的艺术氛围和独特魅力。

（一）传统屋顶的传承

大屋顶样式，源自中国古代建筑的基本形制，在世界建筑中独树一帜，是中国建筑不同于别的建筑体系最显著的标志和特征，也是中国近代建筑后期的代表性样式。

（二）建筑的非主体性和非现代性

从近代世界建筑的潮流来看，中国的建筑并未跟上时代的步伐，仍停留在非现代性的阶段。当时的世界建筑已经掀起了新思潮的运动，然而中国却未能敏锐地捕捉到这一新时代潮流。因此，在众多的建筑群中，中国缺乏一流的现代建筑作品。虽然也有几栋现代建筑堪称成功之作，但大部分的佳作仍出自外国建筑师之手。

（三）旅游化的历史建筑

历史悠久的中国由于历经频繁的战争以及其他诸多因素，无数珍贵的遗迹遭受破坏或严重损毁。其中，绝大多数古建筑遭到严重损毁。进入新时期，政府对文物古迹进行系统保护、修缮等，建筑物作为最具代表性的遗迹，往往得到特别的保护、修缮，甚至复原。然而，值得注意的是，大规模的商业设施建设往往呈现出更为宏大的规模，甚至给这些受保护的历史遗迹带来额外的压力。

（四）同质化的建筑环境

在同质化的建筑环境中，人们往往难以找到自己的归属感和身份认同，因为这种环境缺乏多样化的建筑风格和特色，无法为人们提供具有差异化和个性化的生活体验。同质化往往给人一种单调乏味的感觉，缺乏个性和特色。这样的环境不仅在视觉上无法给人带来新奇的感受，而且在心理上也难以引发人们的共鸣和情感联系。

五、中国现代建筑发展问题的解决方法

当下，生活需求与审美观念促使现代建筑在功能设计、设备配置、材料运用等方面与传统建筑有显著区别。针对我国现状，我们应当秉承对传统文化的继承与创新，积极吸纳世界范围内的先进成果，延续那些具有生命力的文化因子，从而创造出既符合时代特征又富含民族特色的新型建筑风格，进而推动传统与现代建筑风格的交融汇合。随着科技进步与文明演进，我们应致力于使建筑在文化的熏陶下焕发新生，确保历史的完整性和延续性得以维系，使传统与现代建筑在对话中拥有共同语言。无疑，继承与发展中国建筑文化传统是一项跨时代的艰巨任务，它需要经历从初级到高级、从简单到复杂的逐步演进过程，而这样的文化崛起离不开一代代人的不懈努力。此外，创新中国建筑文化，仅靠建筑师的努力显然不足，更需要来自开发商和政府主管部门的支持与协同合作。

第二节　中国现代建筑的特征

建筑是人类物质文明与精神文明交融的结晶，每个时期各个区域的建筑风格都能深刻反映该区域在那个特定时期的文明程度以及生产力发展水平。在中国古代，由于与外来文化的交流有限，建筑风格往往呈现出单一的地域特色。然而，随着近代历史的演进，特别是中国近现代时期，外来文化与科技的交融对中国的文化发展与生产力进步产生了深远的影响，建筑风格也随之发生了显著的变化，其中现代建筑风格尤其引人注目。

建筑风格是建筑设计中的灵魂所在，它不仅体现了建筑在内容和外貌上的独特特征，更展现了建筑师的创意与匠心。这种风格不仅涵盖

了建筑的平面布局，还包括了形态构成、艺术处理和手法运用等多个方面。建筑风格的形成受时代政治、社会、经济、建筑材料和建筑技术等众多因素的影响。建筑设计思想、观点和艺术素养等也是形成建筑风格的不可或缺的因素。正是这些多元化的影响，使得建筑风格呈现出千姿百态。在外国建筑史中，我们可以看到古希腊、古罗马时期的多立克、爱奥尼和科林斯等有代表性的建筑柱式风格，中古时代的哥特建筑风格，以及文艺复兴后期的巴洛克和洛可可等建筑风格。我国传统建筑中，其平面布局严谨对称，主次分明。砖墙木梁架结构、飞檐、斗棋、藻井和雕梁画栋等元素形成了中国特有的建筑风格。这种风格注重细节和装饰，强调人与自然的和谐统一，体现了我国传统建筑的独特魅力和文化内涵。

一、建筑风格

（一）按国家（民族）和地区分类

按国家（民族）和地区，建筑风格分为中国风格、日本风格、新加坡风格、英国风格、法国风格、美国风格等，常用一个地区概括，如欧陆风格、欧美风格、地中海式风格、大洋洲风格、非洲风格、拉丁美洲风格。

（二）按建筑物的类型分类

按建筑物的类型，建筑风格分为住宅建筑风格、别墅建筑风格、写字楼建筑风格、商业建筑风格、其他公共建筑风格（如学校、博物馆、政府办公大楼）等。

（三）按历史发展流派分类

按历史发展流派建筑风格分为以下几类。

1. 古希腊建筑风格

公元前 8 世纪至公元前 6 世纪，古希腊建筑逐渐发展出爱奥尼式和多立克式两种稳定且具特色的形式，统称为"柱式"体系，展现了古希腊人在建筑艺术上的卓越创造。至公元前 5 世纪至公元前 4 世纪，古希腊建筑迎来巅峰时期，出现卫城、神庙、露天剧场等建筑珍品，雅典卫城及其帕特农神庙是代表。科林斯城孕育出科林斯柱式，风格华美，影响至罗马时代。公元前 4 世纪后期至公元前 1 世纪，古希腊历史步入后期阶段。马其顿王亚历山大远征促进了古希腊建筑风格向东方扩展，受到当地原有建筑风格的影响，古希腊建筑逐渐形成各具地方特色的人文景观。

2. 古罗马建筑风格

古罗马建筑风格作为欧洲建筑艺术的深厚根源，承载着丰富的历史与文化内涵。古罗马建筑是古罗马人民在继承亚平宁半岛上伊特鲁里亚人的建筑智慧，以及古希腊建筑的辉煌成就基础上，通过广泛而深刻的创新，形成的一种独特的建筑风格。其鼎盛时期恰逢公元 1 世纪至 3 世纪，这一时期的古罗马建筑达到了西方古代建筑艺术的巅峰。

古罗马建筑的类型很多，包括罗马万神庙、维纳斯和罗马庙，以及巴尔贝克太阳神庙等宗教建筑，它们展现了古罗马人民对宗教的虔诚和对建筑艺术的追求。在居住建筑方面，古罗马人民同样展现了极高的创新和审美能力。内庭式住宅、内庭式与围柱式院相结合的住宅，以及四五层高的公寓式住宅，不仅满足了人们不同的居住需求，更体现了古罗马建筑艺术的精湛和独特魅力。

3. 欧洲中世纪建筑风格

欧洲中世纪建筑风格丰富多彩，不同区域、不同时期和不同用途的建筑风格均呈现出显著的差异，然而这些风格却相互影响、相互交融，孕育出许多新的建筑风貌。中世纪时期的建筑风格大致可分为罗马式建筑、哥特式建筑、拜占庭式建筑和阿拉伯式建筑。

4.文艺复兴建筑风格

文艺复兴建筑标志着欧洲建筑史的新篇章，它接续了哥特式建筑的辉煌，15世纪产生于意大利，之后它跨越欧洲，为各地留下了独树一帜的印记。其中，意大利文艺复兴建筑更是璀璨夺目，它引领了这一潮流，将建筑艺术推向了科学的新高度。我们见证了建筑从经验走向科学化的飞跃，其不断突破学院式、城堡式的封闭桎梏。以上四类建筑风格，可以统称为古典主义建筑风格。

5.新古典主义建筑风格

新古典主义风格实质上是对古典主义风格的精心改良。它在保留了材质和色彩的原有韵味的同时，巧妙地摒弃了过于繁复的肌理与装饰，以简洁而有力的线条勾勒出传统的历史痕迹与深厚的文化底蕴。这一独特风格曾三次在历史长河中绽放光彩。

6.现代评论建筑风格

现代评论建筑风格开始于"现代艺术运动"。这一风格主张采用新材料和新技术，以建造适应现代生活的建筑为核心理念。其外观宏伟壮观，设计上则极简且少用装饰，彰显出独特的现代美感。

7.后现代主义建筑风格

后现代主义建筑风格又称为"后现代派"，这一风格以复杂性和矛盾性为特点，对现代主义的简洁性和单一性进行了大胆的颠覆。它运用非传统的混合、叠加等设计手法，创造出一种模棱两可的紧张感，取代了现代主义那种直截了当的清晰感。在这种风格中，非此非彼、亦此亦彼的杂乱美感取代了明确而统一的单一美感，它在艺术风格上主张多元化的统一。在后现代主义的影响下，建筑师在建筑设计中重新引入了装饰花纹和色彩，以折中的方式借鉴了不同时期具有历史意义的局部元素，但这种借鉴并不复古，而是以一种创新的方式为建筑设计注入了新的活力。

（四）按建筑方式分类

按建筑方式，建筑风格分为以下几类。

1. 哥特式建筑风格

哥特式建筑，又称"歌德式建筑"，是一种兴盛于中世纪高峰与末期的独特建筑风格。它源自罗马式建筑的精髓，并为文艺复兴建筑的辉煌所继承。而"哥特式"一词，则是在文艺复兴后期出现，并带有一定的贬义色彩。这种建筑风格常常体现在欧洲的主教座堂、修道院、教堂、城堡、宫殿、会堂以及部分私人住宅之中。其基本构件包括尖拱和肋架拱顶，整体风格呈现出高耸而消瘦的特质。它的基本单元是在一个正方形或矩形平面的四角柱子上构建出双圆心的骨架尖券。这种设计在四边和对角线上各有一道，而屋面的石板则架设在券上，形成独特的拱顶结构。在当时封建领主经济占主导地位的背景下，城堡式建筑尤为盛行。这些建筑以信仰为核心，其最显著的特点便是高耸的尖塔，超人的尺度和繁复精细的装饰手法，形成一种统一向上的旋律。

2. 巴洛克建筑风格

巴洛克建筑风格在 17 至 18 世纪的意大利文艺复兴背景下，以其华丽繁复的装饰成为当时建筑艺术的风向标。它追求华丽、美和自由，设计虽烦琐，但韵味独特，魅力无比。其特色可概括为外形奔放、动态美感、雕刻与装饰富丽堂皇、色彩运用大胆鲜明，善于营造梦幻般的视觉效果。"巴洛克"一词源自意大利语，意为"畸形的珍珠"，但在古典主义者眼中象征着离经叛道的建筑理念。这种风格挑战了古典形式，以自由奔放、浓郁的世俗情趣为各艺术领域注入新活力。巴洛克建筑风格兴起于十七八世纪的意大利，与社会动荡、宗教改革和科学革命密不可分，它迎合了时代精神，成为文化思潮的体现。除罗马耶稣会教堂外，威尼斯圣马可广场、佛罗伦萨圣十字教堂等也是其杰出代表。如今，巴洛克建筑风格仍具有重要意义，代表着独特的艺术风格和文化思潮，以及对美、自由、创新的追求。

3. 洛可可建筑风格

洛可可建筑风格是一种洋溢着 18 世纪 20 年代法国独特文化气息的建筑艺术形式，源自法国贵族社会，短时间席卷欧洲。它是在巴洛克式建筑的基础上发展起来的。巴洛克式建筑展现出封建贵族阶层的权势与荣耀，而洛可可建筑风格进一步追求个性化与艺术化的生活空间。在室内装饰上，洛可可建筑风格采用如诗如画的风景、田园风光及日常生活中的温馨场景，家具设计轻盈而精致，软装饰品增添了空间的层次感与浪漫情调。除了在室内装饰艺术上的创新，洛可可建筑风格的绘画作品展现出细腻而微妙的色彩过渡和情感表达，雕刻艺术家则巧妙地运用了流畅的曲线和灵动的姿态。洛可可建筑风格的基本特点在于其纤弱娇媚、华丽精巧、甜腻温柔且纷繁琐细。同时，洛可可建筑风格也强调对称和谐的比例关系以及流动自由的线条美感和浪漫主义的抒情基调，成为启蒙时代文化转型期的重要标志之一。

4. 木条式建筑风格

木条式建筑风格为一种独具特色的纯美洲民居风格，其核心特征在于水平式的延伸与木架骨的结构。这种建筑形式的选材与美洲居民所处环境的特质紧密相关。美洲大陆森林茂盛，森林覆盖率居全球之首，丰富的木材资源为木条式建筑提供了得天独厚的建设条件。木条式建筑在视觉上营造出一种宁静、安逸、整齐且富有条理的氛围。

5. 园林建筑风格

园林建筑风格以其独特的艺术魅力成为人们关注的焦点。园林景观是艺术的杰作，其独特的风格自然不可或缺。园林设计与室内设计一样，拥有自己独特的语言和韵味。擅长通过精心的环境规划和景观设计，巧妙地栽植花草树木，提升整体的绿化水平。巧妙地围绕建筑营造出一个个令人陶醉的园林景观。园林风格多样，以下几种风格尤为突出。

（1）英伦风格：该风格园林巧妙融合了喷泉、英式廊柱、雕塑与花架等元素，这些精心设计的元素与地块的自然高差相得益彰，使得景区的流畅转换与植物层次布局得以实现。它营造出浓厚的英伦情调与坡式园林景观特色，展现出大气、浪漫、简洁的独特气质。这无疑是对欧式风格的精炼综合与简约再现。

（2）古典意大利风格：该风格园林依山坡地势而建，巧妙地延伸出一条中轴线，串联起层层叠叠的台地。这些台地上，错落有致地分布着宽敞的平台、宁静的水池、精美的喷泉及栩栩如生的雕像，构成了一幅幅生动的画卷。而中轴线的两侧，则栽种着高大挺拔的黄杨、杉树等。它们与周围的自然景观相得益彰，共同营造出一种和谐而富有层次感的园林意境。

（3）新古典风格：该风格大量采用石材，色彩选择上偏向暖色系，营造出温馨而亲切的生活氛围。这种设计理念特别适合用于彰显欧式建筑风格的项目中，既凸显了浪漫典雅的欧式风情，又体现了对舒适宜居生活空间的追求。

（4）美式欧陆风格：该风格园林通常都有一片宽敞的大草坪，为人们提供充足的活动空间。除了几棵参天大树之外，庭院中还点缀着各种地被草花，使得整个庭院显得生机勃勃。在景观材料的运用上，通常会选用一些天然木材和石材，这些材料不仅质地坚硬，而且纹理自然美观。

（5）北欧风格：该风格园林表现为木屋映衬在明镜般的湖面上，木栈道蜿蜒于原石点缀的广场，宽阔的草坪如绿色绒毯般绵延，茂密的森林与湛蓝的天空共同编织了一幅美丽的画卷。在北欧的园林设计中，这些元素以最自然、最纯粹的姿态展现在人们的视野中。

（6）法式地中海风格：广场、宏伟的构造物、幽深的岩洞、精致的模纹花坛、翠绿的草地、池水波光粼粼的喷水池、栽种着繁茂遮天的树木的林荫道、蜿蜒曲折的水道以及郁郁葱葱的树林，共同构成了这片令人心旷神怡的景致。其布局以一条主轴为核心，两边延伸出规则而对称的美感。尽管轴线笔直如尺，却并非一成不变，它随着地形的起伏而延伸。

（7）西班牙风格：西班牙园林在规划上多采用直线，有主景观轴，轴线建为十字林荫路，交叉处设核心水池。它多采用围合与组团的形式，即由厚实坚固的城堡式建筑围合而成庭院，庭园被墙环绕，被水道和喷泉切分，并种植了大量的常绿树篱。

（8）巴厘岛风格：巴厘岛风格园林景观是自然而浪漫休闲的，由繁荣的热带花园、迷人的水景和富有神秘色彩的雕像共同营造出辉煌于世的花园。其构成景观元素有较大面积的水景、独具特色的亭子、无处不在的景观小品等。

（9）泰式风格：泰式风格园林融汇了南方的清丽典雅与北方的浑厚简朴，既保留了北方民居那种喜欢私密的空间布局，又巧妙地融入了江南宅第般的活泼与艺术。在豪华的皇家园林中，瑞象金壁与水榭曲廊相互映衬，古木奇石与亭台楼阁相得益彰，构成了一幅幅美丽的画卷。

（10）传统中式风格：传统中式风格园林是在现代风格园林规划的

框架上，巧妙地融入了传统的造景理水元素，并以现代手法加以创新和演绎。园内配备了适量的硬地，满足了功能空间的需求。软、硬景的完美结合不仅为中式风格的园林增添了古韵，也为现代风格的项目注入了新的活力。

6. 模型建筑风格

自 20 世纪 90 年代起，模型建筑风格在逐渐盛行。它更多地源自人类的创新思维与想象，致力于挣脱对建筑本身的各种限制与枷锁，从而孕育出一种极具个性化与鲜明特色的建筑风格。

每一种建筑风格的诞生都是人类对居住环境的深度思考和不懈探索所孕育出的创新可能。自人类步入文明社会以来，在各大文明圈的熏陶下，建筑艺术展现出了繁荣多元的景象。这些各具特色的建筑风格不仅在一定程度上反映了当时的社会生产力水平，更深刻体现了人们的价值取向与审美追求。

二、中国现代建筑风格类型

中国现代建筑风格独特，融合了现代主义建筑的精髓，还巧妙地借鉴了中式建筑的古典韵味，以及欧式建筑的某些设计理念与元素，展现出一种别具一格的中国特色建筑风韵。

（一）欧式建筑风格

欧式建筑风格注重通过华美的装饰、鲜明的色彩和精巧的造型营造出一种雍容华贵的装饰效果。例如，粉红色外墙、白色线条、通花栏杆、外飘窗台、绿色玻璃窗，都是典型的欧式建筑特征。这种所谓的欧陆建筑风格，往往以古希腊和古罗马的艺术符号为装饰元素，体现在建筑外形上则多为山花尖顶、饰花柱式、宝瓶或通花栏杆、石膏线脚饰窗等处理手法，呈现出强烈的视觉冲击力。在色彩搭配上，欧式建筑多采用沉闷的暗粉色与灰色线脚相结合，使得整体外观更加丰富多样。此外，这类建筑还继承了古典三段式的表象特征，通过裙楼、标准层及顶层、女儿墙等部位加以不同的装饰处理，如喷泉、罗马柱、雕塑尖塔、八角房，这些都是欧式建筑的典型标志。

（二）新古典主义建筑风格

新古典主义风格的建筑外观巧妙汲取了欧陆风格的精髓，经过简化与局部的精妙处理，配以大面积墙体与玻璃，或以简洁的线条框架为点缀。在色彩上，大面积的单色运用营造出一种轻松、清新、典雅的氛围。新古典主义建筑风格在细节上精益求精，从整体到局部，每一处都经过精心雕琢，无论是材质、色彩，还是线条，都展现出一种一丝不苟的精致。它保留了传统元素的精髓，同时又摒弃了过于繁复的肌理和装饰，使得线条更加简洁有力。其特征在于选择严肃的题材，注重形象的塑造与完整性，强调理性而忽视感性，重视素描而淡化色彩。目前，这种建筑风格在国内颇为流行，成为主导型的建筑风格之一。

（三）现代主义建筑风格

现代主义建筑的风格是采用后现代风格体现新城市主义光体建筑特色，体现新城市主义发展的潮流。现代主义建筑风格的核心特点在于，无论房间大小，都追求空间的开阔与通透。它摒弃了繁复的装潢与冗余的家具，力求在装饰与布置中实现空间与家具的整体和谐与平衡。在造型上，现代主义建筑风格多采用几何结构，这正是现代简约主义的时尚体现。

在功能上，现代主义建筑风格主张在有限的空间内实现最大的使用效能。在家具选择上，它强调形式应服从功能，一切以实用为导向，摒弃多余的附加装饰，简约而恰到好处。简约，不仅是一种生活方式，更是一种生活哲学。在材质选择上，现代主义建筑风格充分考量材料的质感和性能，注重环保与材质之间的和谐与互补。新技术和新材料的合理应用成为现代主义建筑风格中至关重要的一环。人与空间的组合中，融入流行与时尚元素更能代表现代生活的多变与活力。在色彩搭配上，现代主义建筑风格主张色彩不宜过多，追求搭配的和谐，多采用纯净的色调进行搭配，使家具造型和空间布局都呈现出清新脱俗的视觉效果。

现代主义建筑风格的作品体现了时代的鲜明特征，追求造型比例的适度与空间结构的清晰美观。外观上，它展现出明快、简洁的特点，体现了现代生活的快节奏、简约与实用，同时又充满蓬勃的生活气息。

（四）中式建筑风格

中式建筑有着悠久的历史，见证了其形成与发展的辉煌历程。幅员辽阔的疆域造就了各地气候、人文、地质等条件的独特性，进而孕育出中国各式各样的建筑风格。尤其民居形式更是异彩纷呈，呈现出丰富与多元。例如，南方的干栏式建筑，轻盈而通透，仿佛与自然融为一体；西北的窑洞建筑，则巧妙地利用了自然地形，冬暖夏凉；游牧民族的毡包建筑，轻盈便捷，随着草原的变迁而移动；而北方的四合院建筑，则以其独特的建筑格局，展现了北方人民的智慧与追求。

（五）新中式建筑风格

新中式建筑是中式建筑元素与现代建筑手法的巧妙融合，是一种独具特色的建筑形式。既保留了传统建筑的精髓，又巧妙地融合了现代建筑元素与现代设计理念。不仅改变了传统建筑的功能，还增强了建筑的识别性和个性。不仅在文脉上与中国传统建筑一脉相承，更在于对传统建筑的发展和变革。新中式建筑在保留传统建筑精髓的同时，巧妙地融入了现代建筑元素与现代设计理念，使得传统建筑的功能和使用方式得以焕发新的生机。这种建筑形式的出现是建筑材料与现代生活方式变化的结果，是对传统建筑的传承，更是对现代生活的独特诠释。

（六）异域建筑风格

融合不同地域风情的原创设计能为人们带来一种生理与心理上的满足，让人仿佛置身于异国他乡，身临其境地感受那里的独特风情与文化。其中，欧式古典家具、壁炉、羊皮或带有蕾丝花边的灯罩、铁艺或石磨制的地砖、花草纹样和人造水晶珠串等视觉符号成为亮点。异域建筑还巧妙地搭配了一两件区域样式的装饰品或风景油画，使得整个空间散发着独特的异域风韵与优雅。异域建筑风格不仅仅是一种设计理念，更是一种多元化的思考方式。它将异域的浪漫情怀与现代人对生活的需求相结合，打造出一种既具有异国情调又符合现代审美的新型居住空间。

（七）普通建筑风格

从普遍建筑的外观往往难以界定其风格，因为它们大多与商品房开发所处的经济发展阶段、环境，以及开发商的认识水平、审美能力和开发实力紧密相关。这些建筑的形象相对平淡，外立面朴素，缺乏精致的装饰。外墙材料的选用也显得较为普通，没有过多的考究，从而呈现出一种简约而平凡的外观特征。

三、中国现代建筑的特性

为了适应现代建筑工程高速发展的需求，人们需要建造大规模、大跨度、高耸、轻型、大型、精密、设备现代化的建筑物。这些建筑物不仅要求高质量和快速施工，还强调高经济效益。这一需求向土木工程提出了新的挑战，并推动了这门学科的不断进步。中国现代建筑展现出以下几个显著特性。

（一）施工工序繁复

现代建筑的施工工序繁复，涉及土方挖掘、钢筋绑扎、模板安装与拆除、混凝土浇筑、砌筑作业、装修施工以及设备管线安装等多个专业工种。这些工种要紧密配合，以确保施工的顺利进行。一座高层建筑物的建造，涉及土方、模板、钢筋、混凝土、砌筑、电管、通风、电焊设备等10多个专业领域的交叉联合作业。

（二）新型材料多

在中国现代建筑领域，新型建筑材料层出不穷，其中高强度且轻质的新型材料尤为引人注目。例如，铝合金、镁合金以及玻璃纤维增强塑料（玻璃钢）等比钢还要轻的材质，已经开始广泛应用于各类建筑中。不仅如此，在建筑的各个工序和环节中，新型材料也发挥着重要的作用。新型材料在建筑领域的需求量持续增长，其占比日益增大。从新型防水密封材料、新型保温隔热材料，到塑料异型材和门窗化纤等，这些新型材料在建筑中的应用日益普遍，为建筑行业带来了革命性的变革。

（三）施工周期长

现代建筑的处理技术越发复杂，建筑物的基础通常深埋于地下。对于现代建筑而言，高层建筑已成为常态，高度通常在45～80m，一些超高层建筑更是高达100～200m，甚至超过400m。这些高层建筑的高处作业多，垂直运输量大，使得工作危险系数显著增加，对施工组织安排的要求也更为严格。为提高工效，机械化施工得到广泛应用，这需要妥善解决工种间、工序间的立体交叉配合以及纵向、横向方面的关系问题。随着土木工程规模的扩大，施工工具、设备、机械不断向多品种、自动化、大型化方向发展，施工日益依赖于机械化和自动化。同时，组织管理开始运用系统工程理论和方法，日趋科学化；工程设施的建设趋势向结构和构件标准化、生产工业化发展。这一发展趋势不仅降低了工程造价、缩短了工期、提高了劳动生产率，还解决了特殊条件下的施工作业问题，使得过去难以施工的工程变得可行。

（四）设计难度大

在中国现代建筑设计中，建筑师致力于追求设计与实践的紧密结合，旨在实现适用性、经济性、安全性和美观性的完美统一。为此，积极推进对材料非弹性、结构大变形、结构动态以及结构与岩土相互作用等复杂问题的研究，进一步探索和完善结构可靠度极限状态设计法和结构优化设计等理论体系。此外，建筑师还充分利用电子计算机的高效能计算和设计方法，从而为建筑设计提供更为精确、高效的支持。

（五）环保性要求高

在当今社会，环境问题已跃升为主要的社会议题，因此，建筑行业的发展势必趋向于环保。这一趋势已经得到广泛认同，并在许多建筑项目中得以体现。例如，在装饰材料的选择上，部分建筑已采用环保材料，在施工过程中也采取了环保的施工方法，以最大限度地减少噪声和污染。

（六）信息化程度强

在建筑领域，信息化的应用将随着其进步而不断拓展和深化。高科技将全方位推动建筑的建造、装饰、运用、管理及维护等各个环节。高科技的施工组织、方案评选、施工设计等将成为未来建筑的必备要素，这不仅体现在机械物理层面，更在深层次上引领着建筑行业的革新与发展。

（七）可持续发展和人性化

随着社会持续进步与生活质量不断提升，人们对土木建筑设施的个性化需求越发凸显。土木工程实践本质上是对资源和能源的深度依赖与持续消耗，在可持续发展理念已成为社会主流价值观的今天，节约资源与能源不仅限于建设过程中的消耗，也包括了设施投入使用后的能耗，这将成为未来土木工程发展的必由之路。这一目标要求有卓越的设计理念与高效的运营管理机制。在土木工程构筑物的全生命周期内，即从初始规划、设计构想、施工建设到建成后的运营维护，直至拆除，都应致力于将环境影响降至最低，并将其产生的社会经济价值最大化。

（八）建筑科技化

在未来的土木工程领域，科技化的建筑特点将更加深入地显现其影响力。这一转变的重点不仅涵盖计算机辅助设计技术的运用，更扩展至工程进度管理、数据资料收集和分析、建筑结构及强度、可靠性分析以及相应对策及决策等多个方面。这些方面共同构成了主动控制和智能化的坚实基础。全过程信息化对于未来土木建筑构造物的维护具有重大意义。通过植入传感器与电子计算机的配合，实现对建筑的全方位实时监控，以便及时、准确地掌握整个建筑物的状态。因此，在建造过程中预先做好信息化准备工作，将对未来的维护工作产生极大的便利与效益。

现代建筑不仅满足了人们多元化的生活需求，更展现了丰富多样的建筑特色与风格。然而，其发展潜力仍巨大无比，未来的走向将依赖人类一步步实践与探索。唯有通过不懈的努力，建筑师才能创造出更为卓越的建筑，为人类的生活提供更为周到的服务。中国现代建筑的理念强调与时俱进，与工业化社会的发展步伐相协调。坚决摆脱过时建筑样式的桎梏，勇于创造崭新的建筑风格，为建筑美学注入新的活力，塑造出独具特色的建筑新风貌。

在当代，现代主义建筑以其简洁的造型和线条塑造出鲜明而独特的社区表情。通过采用高耸的建筑外立面和带有强烈金属质感的建筑材料，营造出居住者的炫富感。同时，采用国际流行的色调和非对称性的设计手法，凸显出都市感和现代感。竖线条的色彩分割和纯粹、抽象的集合风格，不仅显得硬朗有力，更营造出挺拔而现代的建筑形象。如今，这样的现代建筑已遍布城市的每个角落，它们通过后现代主义风格的诠释，展现了新城市主义的光体建筑特色，也体现了新城市主义发展的潮流。此外，大面积玻璃、铝板等建筑材料的装饰，将现代风格的建筑特点诠释得淋漓尽致，使得这些通透的光体建筑成为城市景观中一道亮丽的风景线。

第三节 中国现代建筑特性评析

20 世纪 70 年代，中国现代建筑迎来了新建筑运动的高潮，其中"现代建筑"思想的影响尤为广泛。这一时期，中国现代建筑的崛起背后有着深刻的客观原因：随着市场上生产技术与材料的飞速发展，建筑业得以引入各种新型建筑材料，为创新提供了坚实的物质基础；不同模式的生产和经营方式推动了建筑业不断更新换代，持续向前发展；结构科学的形成与发展不仅改变了人们对建筑业的认知，也促使人们对建筑物的功能提出了更多新需求；生活品质的不断提升促使建筑师为现代建筑注入各种新颖的功能；当时中国人口迅猛增长，使得建筑学家在构思建筑时必须考虑建筑空间所能容纳的人数。由此现代房屋的建造量大幅增加，楼层越来越高，建筑类型也日益丰富多样。

一、现代建筑的优势

（一）使用功能

建筑的功能要求是决定建筑形式的核心要素。建筑各房间的大小、相互间的联系方式等都应满足建筑的功能要求。然而，建筑功能的发展并不成熟，中国古代的木构架大屋顶式建筑形式几乎可以适用于当时所有功能的建筑。随着经济的持续增长和人们生活品质的逐步提升，现代的建筑师在构思建筑时必须考虑人们在生活中的各种需求，如安全性、耐久性、实用性、抗震性。在此基础上，建筑师需要不断改进现代建筑的风格与功能，以适应人们日益增长的需求。

（二）艺术和技术的双重特性

现代建筑的外观与古代建筑截然不同，不再局限于宫殿、庙宇等传统形象。现代建筑更擅长根据地域文化、环境特点，创造出丰富多彩的新型建筑，同时在结构技术上也展现出现代技术的高超与精湛。例如，美国建筑师赖特设计的流水别墅是建筑与环境完美融合的杰出典范。该别墅与自然环境融为一体，难以区分是先有山林溪水还是先有别墅，这种浑然天成的和谐使得流水别墅成为建筑史上的经典之作。清华大学图书馆的设计也充分体现了对已有建筑与环境特征的尊重与创新。建筑师将现有建筑及环境特征作为新建筑的创作基础，注重历史文脉的继承与整体协调。新建筑与大礼堂形成平面上的围合，高度上则控制在低于礼堂约 5m 的位置，从而与老馆、新馆及礼堂共同构成了一个和谐统一的整体环境。

（三）建筑空间是建筑的实质

建筑空间是人们为了满足生产和生活需求而精心设计的。它利用各种建筑要素和形式，巧妙地融合了内部空间与外部空间，形成一个独特的、统称的建筑概念。在当今，现代建筑不仅追求外观的美感，更将焦点放在了建筑空间内部的精心设计上。现代建筑内部已经呈现出与古老建筑内部截然不同的各种形式。例如，现代建筑空间内部可以根据功能需求灵活地划分为多个不同的小空间，每个小空间在使用功能上都有其独特性。

（四）创造建筑新风格

建筑作为一种独特的艺术形式，深刻地体现了不同时代的文化特色和风格。在现代建筑中融入具有民族传统特色的庭院和园林，既体现了现代建筑的简约与时尚，又流露出浓郁的民族韵味，形成了一种独特的建筑风格。以北京国家奥林匹克体育中心的游泳馆为例，其为该中心的五大场馆之一，于 1990 年建成，建筑面积达到了 37500m²。馆内空间布局独特，长 99m，宽 200m，拥有 6000 个座位的八角形观众厅。更为引人注目的是，其两端采用 70m 和 60m 的塔筒，通过斜拉索吊起大面积的双坡凹曲形金属屋面，既展现了体育建筑的力量与技巧，又让人联想到中国传统建筑的凹曲屋顶，同时充满了鲜明的时代感。

（五）注重建筑的经济性

建筑业作为国民经济发展的坚实支柱，既受到经济条件的约束，又对经济的发展产生深远影响。将经济性理念深刻融入建筑设计的每一个环节，不仅能够精准地控制工程造价，实现社会资源的最大化合理利用，还能为国民经济带来显著的经济效益，推动其持续、健康发展。

（六）建筑美和使用功能相结合

建筑装饰工程体现了现代建筑师在建筑设计中的精妙构思。他们巧妙地将所装饰的主体与客体融为一体，形成和谐统一的整体，旨在丰富艺术形象，增强艺术表现力，强化审美效果，并提升建筑的功能性。建筑装饰与客体的功能紧密结合，在顺应制作工艺、充分发挥物质材料的性能、实现省工省料的同时，呈现出卓越的艺术效果，为使用者带来美的享受。

二、现代建筑的缺点

（一）现代建筑的层高不高

相较于古老的建筑，现代建筑呈现出楼层节节攀升的趋势，然而层高相较于古老建筑却有所降低。在这样一个环境中，有害的粉尘和气体往往聚集在 2.2 ~ 2.3m 的高度。因此，现代建筑的采光相对不足，室内空气流通也显得不畅。加之空间相对有限，个人活动范围显得较为狭窄，整个空间给人一种压抑的感受。

（二）现代建筑的建筑质量下降

现代建筑中，抗震性能不达标的问题屡见不鲜，许多工程未能遵循"小震无损，中震可修复，大震不垮"的原则。偷工减料等不当行为导致工程结构脆弱，易遭破坏，"豆腐渣工程"带来了众多的隐患。此外，不断有类似工程坍塌事件发生，坍塌速度也屡创新高。

（三）现代建筑与历史文化背景不协调

在现代社会中，许多建筑作品过于追求美观，却忽视了其与当地环境或历史文化背景的和谐统一。例如，古城西安的高层建筑相对稀缺，但那些设计优美、环境宜人的建筑为创作提供了绝佳的背景。其中，"八水绕长安"之说，寓意着西安丰富的水资源。然而，如今这些河流中的大多数在大部分时间内都面临缺水问题，显示出水资源并不丰富。在突显传统格局时，必须正本求源，深入挖掘历史文化的内涵；不能仅停留在外在形式上的模仿，而忽视了其深层次的文化意义和历史价值。

（四）中国现代建筑缺乏合理布局

建筑量的激增导致建筑物大量占用土地，由于许多不合理的建筑风格和布局，现代建筑在许多地方破坏了原有的城市韵味。有的城市既有现代元素的闪耀，又蕴含着深厚的传统古典韵味。然而，随着众多现代化建筑如雨后春笋般崛起，许多古老的建筑却面临着拆除的命运。这种对城市历史的漠视和破坏无疑是对城市文脉的不尊重，又何谈去展望城市的未来。

（五）历史建筑商业化

随着中国经济在近现代的飞速发展，建筑业的面貌也发生了翻天覆地的变化。高楼大厦如雨后春笋般崛起，虽然极大地满足了人们日益增长的生活需求，但在这一过程中，许多具有历史文化价值的传统建筑却遭到了严重破坏。

中国现代建筑在满足人们日常生活需求的同时，其在各个方面存在的诸多缺点也日益凸显。对于现代建筑，我们不能仅仅从批判或欣赏的角度进行评价，而是要全面审视其优点与缺点。在肯定其优点的同时，我们应继续发扬其长处，并努力扩大其积极影响；同时，我们也不能忽视其存在的缺点，应正视其短处，并努力找出存在这些缺点的原因加以改正。期望通过努力改进建筑设计，避免质量问题导致无辜生命的丧失，同时要确保建筑与当地环境和历史文化背景相协调。此外，我们还应珍惜土地资源，避免浪费。

三、中国现代建筑的意义

个体或整个民族的自信心、想象力和创造力来源于对文化的认同感。因此，人类活动的重要篇章就是在每个时代里，建立、维护、强化、发展并传播自己的文化。而文化首先是通过文化标志来建立的，文化标志包括文字、服饰、风俗、建筑等。其中，建筑尤为显著地象征着文化、创造、发展、巩固自身文化最为有力的手段之一，能够生动地展现文化、证实文化的存在。人们可以通过这种实体形象直观地感知和认同自己的文化。早期文明的产生也是与城市的建立紧密相连。鉴于文化的易逝性，人类通过建造寿命远超自身的建筑和地标来记载过往的文明与文化。这种记载方式相较于文字更具生动性和深刻意义，因为人们可以在建筑的环境中深入体会和领悟文化的内涵。文字的记载往往显得抽象，而建筑却能承载文化的灵魂，这是文字所无法比拟的。对于中国而言，文化发展的关键不仅仅在于对古建筑的保护，更在于创造出属于这个时代的文化建筑。

时代已经发生了巨大变化，无论是在理念、文字、服饰还是建筑等方面，中国都需要在 21 世纪寻找并建立自己的新文化。中国现代建筑不能脱离古典，但也绝非仅仅是古典的延续，这便是中国现代建筑的真谛所在。虽然在市政建筑领域，中国尚未完全形成独具特色的中国现代建筑风格，但在艺术、绘画、室内设计以及现代家具设计等领域，中国已经涌现出许多出色的现代作品，这些作品共同铸就了中国设计风格。与此同时，中国也涌现出一批杰出的现代艺术家和设计师，特别是在艺术界和建筑界。真正的中国现代建筑应当是在深厚的古建筑基础上孕育出的新线条、新空间和新结构。

第三章 中国传统民居建筑空间艺术特性

第一节 中国传统民居建筑概述

一、中国传统民居建筑的含义

作为乡土文化、地域特色、民族风情和传统文化的重要载体，中国传统民居深受历史文化积淀、民俗风情的影响，气候条件的制约以及自然环境的熏陶，从而形成了质朴而不失灵动、粗犷中透着细腻的独特建筑风格和文化内涵。以砖石围护结构为例，合院形式是中国传统民居的典型特征。闽南民居的红墙红瓦，犹如热烈的火焰，传递着当地群众对吉祥如意的热烈追求；而皖南地区起伏于山水绿树之间的粉墙黛瓦，则如同一幅水墨画，勾勒出楼台烟雨的诗意景致；京畿地区的青砖灰瓦，则屹立于苍天厚土之上，展现出建筑与自然环境的和谐共生。这些传统民居建筑不仅是历代工匠卓越才华与精湛营造技艺的集中展现，更是中华民族"天人合一""道法自然""身与物化"等朴素哲学思想的生动体现。它们深刻反映了劳动人民强烈的环保意识，同时传递出一种既亲切理智又空静淡远的审美情趣，既恢宏大度又意蕴深长，令人叹为观止。

实现人、建筑与自然的和谐共生，是中国传统民居建筑理念的精髓所在。在适应环境、与自然界长期抗争的过程中，不同地区、不同民族的人们逐渐形成了对自然界和生态环境的敬畏与尊重的朴素情感。传统民居的建设理念体现了这种情感，形成了对风水的重视和讲究。尽管其中不乏一些迷信的成分，但传统风水学和堪舆学中崇尚自然、尊重"天时、地利、人和"内在规律的价值取向，在现代社会仍然具有其合理性和现实意义。

中国传统民居在建筑材料与建筑方式的选择上，均深植着保护环境、节约资源的理念。一方面，在规划与选址上，民居强调因地制宜，巧妙借助地形地势以达到节约土地和人力、物力的目的。例如，贵州山地的苗族、侗族民居顺应当地山势而建，高低错落；江南水乡的民居则沿河道蜿蜒布局；陕北的窑洞则巧妙地依托天然黄土崖壁而建。传统民居在空间设计与平面布局上，注重采用合理的建筑技术与构造措施，以实现宜居的环境。例如，华北地区广泛分布的四合院，均以厅或院子为核心，由房屋、墙垣等围合形成院落。与西方国家普遍的院落以房屋为中心的营造模式相比，四合院更能有效抵御冷空气侵袭，同时方便居民的生活起居和日常活动。藏族碉房的大门朝向遵循严格的规定，必须面向当地的神山或风景秀丽的山峰，严禁面向山口、大路或怪石嶙峋的山地。三峡地区的民居布局同样别具匠心，尽管山地陡峭、地势狭窄，但当地居民巧妙地利用地形，使住宅大门常与院墙、中轴线形成偏斜角度，这样既保证了视野开阔，又方便了采光和通风。从现代科学的视角来看，这些设计均能带来开阔的视野、畅快的通风、充足的采光，以及放松心情、平静心绪的效果。

二、中国传统民居建筑的继承与创新

建筑文化并非故步自封的产物，而是在持续的继承与创新中不断演变和发展的。为了推动传统民居的可持续发展，必须在新的历史环境下对这些珍贵的遗产进行深入的发掘和细致的探索。我们要追寻其文化根源，探寻能够促进现代建筑继续发展的有效措施，将中国传统文化的精髓加以继承，并巧妙地融入现代设计中。在继承优秀建筑艺术和文化传统的同时，我们还需要对传统民居进行深入的了解和研究。只有通过这种方式，我们才能在日新月异的今天，让历史文脉得以延续，并焕发出新的活力。

（一）中国传统民居建筑的状况

1. 传统民居的改造与保护

在当今社会传统民居亟待加强保护，并亟须稳定的政府拨款以维持其保护工作。然而，这种保护方式往往是一个漫长的过程，与当今社会迅速推进的城市建设改造无法相比。在追求快速效益和高性能的驱动下，政府相关部门往往倾向于对传统建筑进行改造，而非保护。传统民居中的居民更期望通过改造来改善他们的生活条件。

2. 对于历史遗留的传统民居，人们普遍缺乏保护意识

当前，传统民居的保护通常采取整体保护策略，历史悠久的传统民居的原有价值得以维系。然而，对于其物质实体本身的深入研究与保护却相对匮乏。过分关注传统民居的外观与状态，缺乏对传统民居深层价值的认识，甚至认为保护这些地方并无必要。然而，我们必须认识到，对于值得保留的历史文物，保护是至关重要的。若缺乏有效的保护措施，即便这些文物目前保存完好，也难以长久传承。

3. 存在缺乏有效监管和指引的问题

根据《中华人民共和国城乡规划法》的明确规定，城市规划一旦获得批准，即刻产生法律效力。在实际操作中，规划的指导作用应有详尽的行动计划，并且规划与管理执法严格，能对项目审批进行有效约束。

（二）传统民居建筑的更新与保护策略

随着经济的发展，人们的生活水平有了显著提升。如今，农村经济正飞速发展，广袤的乡村大地正掀起新一轮的建设热潮，与此同时，那些承载着悠久历史的传统民居建筑正逐渐被拆除。这不仅仅是对于传统建筑物的失去，更是对延续了千年的文化传统的一种割裂。这些传统的民居建筑作为无形的文化财富，蕴含着极大的价值，亟须我们及时采取措施进行保护。保护可从以下几个方面进行。

1.组建一支专业的调查团队

为了有效保护传统民居建筑，成立一支专业的传统民居建筑调查组织，全面展开全国范围内的传统民居建筑发现与统计工作。通过努力，我们将构建一个详尽而全面的数据库系统，其中囊括我国现存的传统民居建筑的所有关键信息。随后，借助文物部门的力量，对这些数据进行深入细致的分析，制定出科学合理的传统民居建筑保护措施。

2.致力于传统民居建筑的保护与修复工作

传统民居建筑应当得到真实而细致的保护。对于已经受损的建筑，我们应采取修复措施，使其恢复原貌。在整修过程中，必须始终坚持"保护优先、开发辅助"的原则，树立明确的保护意识，深入挖掘并传承其中的文化精华。同时，依托地域特色，构建与本土环境相契合的可持续发展机制，确保传统民居建筑的魅力得以原汁原味地展现。

3.秉承历史文脉，守护传统建筑风格的民居建筑

对于那些承载着厚重历史与文化价值的古老街区或乡镇，政府及相关部门应深思熟虑，决定如何妥善保护这些蕴含着丰富文化遗产的传统民居建筑。这些传统民居宛如一面镜子，能够映照出当地深厚的历史文

化底蕴和传统特色。在经济发展的浪潮中，必须坚守住这些传统的街道以及住宅建筑的形式、特征、规模、色彩，以及布局等原汁原味的建筑风格，绝不能让其迷失在现代化的洪流中。对于那些传统民居建筑，应尊重其原有的形式和结构，仅在内部进行适度的更新和改造，以满足现代生活的需求。此外，应将沿街的民居建筑改造为商业用途的建筑，通过恢复或更改其性能，使它们与街道的整体风格相得益彰。这些商业建筑将延续传统的特色，为古老的街区注入新的活力，从而成功打造出一个完整而充满活力的传统居住地点。

4. 合理修复，恢复其历史价值

在传统民居建筑群中，一些建筑得以幸存，它们的完整性却时常令人担忧。对于那些地方特色的传统民居建筑群，更应强化保护措施，进行精心修复。这不仅是对传统民居建筑的有效维护，更是对这一地域文化的深度挖掘与重建。

5. 传统民居建筑艺术在现代社会中的创新性与应用广度

传统民居并非无用的废弃古建筑群，它们是历史的瑰宝，是文化的传承。随着社会的进步和不断发展，人们开始对原有的历史文化进行追溯，从中汲取灵感，从而形成新的建筑模式。在满足和适应新的农村建设需求的同时，应当学会保护并传承传统民居的优秀建筑元素和环境特点。通过结合现代科学技术和选取合理的材料，不仅可以满足人们的心理需求和审美需求，还能对原有的传统建筑元素进行创新，使新的民居更加符合当代人的生活方式和审美观念。

6. 传统民居旅游的发展与地方经济相融合

在当今科技飞速发展的时代，人们越发渴望回归自然，寻求与环境的和谐共生。古村落的旅游也变得越来越热门。通过在传统民居中开展旅游活动，不仅为当地居民带来了收益，还传播了居住文化，让更多人深入了解古建筑，进而主动参与到传统民居的保护工作中来。传统民居建筑承载着悠久的历史文化底蕴，对其加以保护和利用无疑具有极其深远的意义。然而，当前许多传统民居正面临着被拆除的威胁。如何有效地保护这些建筑，进行适度的更新改造，并实现其资源的有效利用与合理规划，已成为当今社会亟待解决的重要问题。

三、中国传统民居建筑的价值传承

中国传统民居历史悠久，底蕴深厚。它不仅是传统文化的承载者和居住科学的典范，更是社会学的生动见证，建筑艺术的璀璨瑰宝。

（一）民居建筑的价值传承

传统民居作为先辈们留下的宝贵遗产，承载着丰富的历史与文化底蕴。那些历经几十年甚至几百年的岁月洗礼，依然保存完好的民居，其木结构的建筑更是显得弥足珍贵。因此，对于这些传统民居的保护与传承显得尤为重要且刻不容缓。

近年来，在城市发展进程中，由于对现代化和繁华景象的盲目追求，大批传统建筑被拆除，取而代之的是高容积率的高楼大厦。这使得原有的历史文脉几乎消失殆尽，城市面貌日益趋同。为了促进传统民居所在村落的旅游业发展，开发商在古建筑群周边或内部大量建设服务性建筑。然而，出于商业利益的考量，对这些建筑往往缺乏深入的规划设计，缺乏整体的文物保护意识。同时，村民为了个人利益，也将古宅随意改造为商店或旅馆，严重破坏了传统民居的结构和原始功能。为了保护传统民居的原始状态，推动旅游业的可持续发展，立法工作需要与时俱进。这不仅对传统民居的管理模式、宣传模式提出了新的要求，也对传统民居的保护与发展提出了新的挑战。

（二）价值传承的表现

1. 美学价值的传承与发扬

秩序之美在传统民居建筑中流淌不息。中国传统民居多以轴线对称为构建之要，因地制宜，灵活变通。无论是单一式民居还是复合式民居，均以正屋和庭院为核心元素，在平面上沿轴线有序铺陈，或左右对称分布。在布局中，主要院落被巧妙凸显，成为统领整个民居的中心。这种强调理性布局秩序的手法，旨在追求一种"礼制秩序"的和谐之美。这种形式的美与人们的日常生活状态紧密融合，赋予了民居本身以深厚的生命意义。

和谐统一之美在传统民居中处处体现，先民们在选址、布局及营造单体建筑时因地制宜，例如，江南民居秀丽、因山就水，中原民居浑厚有序，边远地区民居就地取材、顺应自然。对立统一之美在传统民居的构成和装饰中展现得淋漓尽致。传统民居的对外封闭与对内开敞、正房的高大与左右两厢形成院落的错落有致，这些处理手法不仅有效凸显了传统民居的主体空间，更使整体呈现出丰富的节奏变化与和谐统一的效果。山墙、门窗、隔断、梁等元素的装饰，与朴素的墙面、单一的建筑色彩形成鲜明对比，繁简之间凸显出传统民居建筑的细腻情趣，赋予了朴实的建筑以动人的韵律美。

2. 科学价值的传承与发扬

先民们从实际需求出发，在实践中逐渐摸索出了一套适应乡土地域条件的民居建筑方法。这套方法强调因地制宜、相地构屋、就地取材、合理用材，蕴含着科学的建造理论和朴素的生态智慧。在聚落选址和住宅营建之前，先民们会仔细观察风水，力求"背山面水""负阴抱阳"，以确保居住地的日照充足，合理利用水源，并充分利用自然环境的有利因素，获取人居环境所需的资源条件。山的围合、水的临近、植物的结合，共同维护着小气候的稳定。在利用地形方面，先民们也展现出了极大的巧妙。他们根据不同地域的地形和景观特点采用不同的建筑结构形式。例如，干栏式建筑依山而建，通过吊脚楼的建筑结构样式，巧妙地适应了复杂的地形变化，确保了居民的生活空间不受潮湿和蛇蚁的侵扰。皖南民居中的天井设计不仅满足了采光、通风、换气等基本需求，还为居民提供了一个独特的日晒、休憩和信息交互的空间。而四合院中的院落空间则充分利用自然种树养花，为居民创造了一个宜人的生活环境。这些改进不仅满足了人们的基本生活需求，更在精神层面满足了人们对于自然和谐、人与环境共生的追求。

3. 传统价值的继承与弘扬

中国的传统民居建筑形式丰富多彩，充分展现了各民族文化的独特魅力。这些建筑不仅凝聚了民情、民俗和乡土气息，更体现出儒家文化的深邃精神。以南方建筑为例，其中风水意识的体现便凸显出人们对自然环境的尊重与和谐共生的理念。在地域选择上，这些建筑依山傍水，与自然地貌融合，充分体现了"天人合一""物我同一"的哲学思想。例如，福建土楼中的八卦楼择地而建，其建造过程中运用八卦原理定位，以求镇宅辟邪，达到天、地、人的和谐统一。土楼的建筑空间和装饰上，都潜移默化地传递着中国传统的礼教思想，强调"人物同构，中为至尊"的理念。

4. 生态居住观念的传承与实践

民居的建筑风格深受地理因素的影响，我国的民居建造遵循原生态原则，巧妙地融合了生态建宅的思想，因地制宜、依山建屋、临水筑楼。以京津地区的四合院为例，其独特的建筑风格便深受当地夏季炎热、冬季寒冷且风沙大的气候影响。为了应对这些气候特点，四合院整体设计采用了房屋包围院子的方式，有效减少了冷空气的入侵，起到了节能防风的作用。这些传统民居不仅深刻烙印着"天人合一"的中国传统哲学智慧，更彰显了对大自然的无限向往与崇敬之情。先民们精心营造出和谐宜人的生活环境，充分展现了人类利用自然、改造自然、尊重自然的独特魅力。

四、传统民居精髓在现代建筑中的创新演绎

传统民居建筑作为本土文化多样性的生动展现，承载着人们对于和谐生活方式的向往与追求，它们犹如一股磁力，吸引着人们逃离城市中冷漠无情的"混凝土盒子"。我们应当以科学的态度，深入挖掘并汲取中国传统民居的精髓所在，然后在现代建筑设计中将这些精髓进行合理的、创造性的融入与拓展。

（一）庭院空间在现代住宅中的巧妙演变

在我国传统民居建筑中，庭院空间无疑是一道亮丽的风景线，更是其独特居住形态的鲜明特征。院落设计巧妙地形成了内向型的空间格局，对外界保持封闭，而对内则敞开心扉，营造出一种既与外界隔绝又内部互通的空间氛围。这种围合的空间形式不仅为居民提供了一个私密且舒适的交往场所，更促进了合院空间中人与人之间的交流互动，使得生活更加和谐温馨。建筑与自然相互交融，公共与私密空间借助庭院的巧妙过渡实现了人与自然的和谐共生。相较于现代住宅的单栋独门设计，虽然它在一定程度上保障了生活私密性，却难以建立邻里间的深厚感情。因此，将传统的庭院元素融入现代住宅设计成为一种有效的尝试。这样不仅增加了人与人交往的空间，减少了建筑带来的隔阂感，使建筑与自然亲近，避免了住宅区中人们彼此陌生、互不相识的尴尬局面。例如，在北京的 SOHO 现代城中，建筑师巧妙地运用了民居中的庭院概念，在现代都市中再现了合院式的人居方式，提出了"空中四合

院"的创新概念。

（二）从狭窄的天井到宽敞的中庭

皖南建筑中的天井作为徽派建筑的重要元素，其独特设计能有效调节住宅内部的气候与空气质量，从而延续至今。在现代住宅区规划中，为追求更高的土地利用率和更大的居住空间，人们往往增加了房屋的进深，却导致房屋日照时间大幅缩减。皖南民居中的天井设计既保证了充足的采光，又有效减少了夏季过量的日照。建筑内部形成了良好的通风效果，有助于调节室内的温度和湿度，为居民创造舒适的生活环境。然而，传统民居的天井空间较小，难以满足现代建筑的需求。为此，我们可以对原有的天井进行扩展，打造出宽敞明亮的中庭空间。在商业空间中，中庭设计更是能创造出独特的室内环境，为商业活动提供理想的场所。中庭不仅可以通过自然光照明减少人工照明，还能促进空气流通，降低室内温度。此外，我们还可以在中庭内引入水环境，利用"烟囱效应"达到调节室温的效果。

（三）生态元素创新研究的前沿探索

结合现代科技，生态元素这一理念焕发出新的活力。生土建筑，如窑洞，巧妙地利用地下土壤的热容量，使室内保持恒温。我们可以在此基础上深入研究土壤蓄能技术，如地冷、地热管技术以及地道风利用技术，以实现更高效的能源利用。传统民居中的绿化丰富多样，既防御酷暑，又调节小气候。我们可以运用生物技术进一步完善立体绿化的理念，从底层庭院到各层平台，再到屋顶种植、温室和墙面绿化，让建筑或小区内的气候更加宜人。此外，太阳能、风能、土壤蓄能、生活废弃物焚化能以及沼气能的利用技术，都能有效改变传统能源的消耗结构，减少对环境的污染。生态理念的创新需要我们将人与自然、建筑有机地联系在一起。

第二节　中国传统民居建筑的艺术观

中国传统民居建筑作为中国传统建筑不可或缺的重要分支，凝聚了中华先民卓越的生存智慧与无穷的创造才能。它们不仅生动地传递了中国传统文化的深厚底蕴，更直观地展现了中国的传统价值观念、民族心理特征、思维模式及审美理想，是中国传统文化的重要载体和生动体现。

一、中国传统文化艺术的核心内涵

文化的深邃内涵集中展现于哲学之中，凝聚为民族精神的精髓，闪耀着人类智慧的无尽光芒，堪称最高形式的智慧创造。中国人对宇宙的看法、对人生的思虑，甚至是赖以安身立命的终极依据，都是透过中国哲学加以反映、凝结和提升的。因而，探讨中国传统文化的思想资源和基本精神的最有效途径便是从中国传统哲学入手。从哲学层面看，中国传统文化主要有四大思想资源，即原始儒家、原始道家、中国佛学、宋明理学。早在孔子和老子分别创立原始儒家和原始道家之前，中华先民已经表现出很高的精神智慧，创立了关于宇宙和世界万物的三种思维模式，即远古时代的阴阳说、五行说、八卦说。到了春秋战国时期，阴阳说、五行说、八卦说开始走向相互渗透和有机融合，出现思维共生现象，即所谓"阴阳五行""阴阳八卦"之说。阴阳五行、阴阳八卦思想由于具有直观性和整体性特征，在中国传统文化（特别是民俗文化）的发展过程中影响极为广泛和深远。中国传统文化是一种伦理文化、一种乐感文化、一种超越宗法的现世主义文化。中国传统文化四大思想资源的内在关系及其发展展示了以儒家文化为本，儒家、道家文化互补，儒家、道家、佛家（释迦牟尼）合一的逻辑结构和发展图景。中国传统文化的这种结构模式势必影响到中国传统文化的价值系统、民族心理、思维方式和审美趣味，从而铸塑了中国传统文化的基本精神。

中国传统文化的基本精神涵盖四大主要方面：以人为本的人文主义价值系统，自强不息、刚健有为、豁达乐观的民族心理，观物取象整体直觉的思维方式，超越宗法、天人合一的审美理想。

（一）以人为本的人文主义价值系统

对以人为本的人文主义价值系统而言，中国传统文化表现了突出的以人为本的实用理性精神。这种以人为本的文化价值观有别于以神为本的西方文化传统。中国传统文化的人本主义不是脱离自然的人类中心主义，也不是脱离社会群体的个人中心主义，是儒家的"道德的人本主义"与道家的"非道德的人本主义"的融合互补，是天人合一、群己和谐的人本主义。

（二）自强不息、刚健有为、豁达乐观的民族心理

自强不息、刚健有为、豁达乐观的民族心理是中国传统文化精神的又一个闪光点，是中国传统文化得以生生不息的动力源。自强不息、刚健有为、豁达乐观的民族心理主要表现在无数志士仁人对崇高理想的追求和对事业前程的坚定信念；表现在人们对悲喜炎凉的人生采取乐天达观的态度和豁达大度的胸襟及情怀；表现在中国传统文化的兼容并包的和合特征及融合功能。

（三）观物取象整体直觉的思维方式

观物取象整体直觉的思维方式是文化精神和民族智想的重要方面。中国传统文化的思维方式具有两个突出特点：直觉体悟的直观性和观物取象的象征性。这种整体而直观的思维方法表现在主体对客体的认识方面，在于直觉体悟而不是明晰的逻辑把握。儒家、道家、佛家都是如

此，以对象为整体，或诉诸经验，或推崇直觉，或讲究顿悟，而且都把主、客体当下的冥合体验推到极致。无论是儒家的道德直觉，还是道家的艺术直觉，抑或是佛家的宗法直觉，都主张直觉地把握宇宙和人生的全体和真谛。观物取象的象征性思维是指用具体事物或直观表象表示某种抽象概念、思想感情或意境的思维形式。这在古代居室文化和建筑民俗中有着广泛而多样的表现。

（四）超越宗法、天人合一的审美理想

超越宗法、天人合一的审美理想中的天人合一是中国传统文化的审美理想和最高境界。超越宗法、天人合一的审美理想不仅浓缩了中国传统文化的全部特征和精神，而且标示出相异于西方文化传统的质的区别。天人关系问题是中国古代哲学和文化中的最基本问题。事实上，天人合一的观念在儒家、道家开始对此进行哲学论辩之前，就已经历了"合—分—合"的否定之否定的逻辑演化过程。天人合一为儒家、道家共同推崇。但儒家注重的是群己和谐，即个体对群体的适应，并将天人合一的重心落在道德主体的自我反省、自我实现的努力"践仁"的功夫之上；道家则强调的是人与自然的协调，在道法的基础上建立天人合一（即道人合一）。合一的基础是人对道法的认同和人对自我的觉悟。

中国传统民居建筑可谓是中国传统文化的缩影。透过中国传统民居建筑，我们可以深切地感受到中国传统文化的思想和基本精神及其深广影响。中国传统民居建筑的哲理观、宗法观、环境观、思维观等，从各个不同层面反映出中国传统文化的体大精深和高明智慧。

二、中国传统民居的哲理观念

中国传统民居建筑所反映的哲理观，首推的是阴阳、五行、八卦思想。阴阳、五行、八卦思想早在远古时代就已萌芽了，发展到春秋战国时期便出现了相互渗透和融合，从而形成以气本论为基础的阴阳五行思

想和阴阳八卦思想。有学者认为，"气"主要表达万物生化循环的思想。气、阴阳、五行这三者虽各有渊源，但一经合流便成为中国文化的宇宙观、世界观。气是宇宙的基本实体，它的动因在于阴阳，而五行乃是阴阳之气的基本形态，于是五行相生相克具体展示了阴阳之气循环迭至和聚散相荡的过程，成为宇宙生生不息的基本构象。而八卦及其演化便成了解释万象的基本模式。这种以气本体为基础的阴阳五行、阴阳八卦思想对中国传统民居建筑产生了广泛而深刻的影响。例如，四合院（北方汉族民居建筑的典型代表）空间组织的核心——庭院和厅堂的组合就体现了阴阳互动的思想观念。南方汉族民居建筑中司空见惯的祖堂与天井成为民居建筑空间的核心，住宅建筑总是以祖堂和天井为中心展开布置。而祖堂和天井就是阳和阴的互动关系思想的很好体现。

随着传统民居建筑学术研究的不断深入，传统民居建筑所蕴含的阴阳思想逐渐引起了学界的广泛关注。有学者深入研究后指出，在四合院的构成和空间组合上，阴阳法则得到了充分的体现。院子形态上由四周房舍围合，外实内虚，形成了一对阴阳关系。组合上则依据"门堂制度"，以轴线为主导，次第排列门屋和正堂，再配以两厢，而"门堂"这一主一次又是一对阴阳关系，在等级上有着严格的区分。东西厢的配置也成第三对阴阳关系，以横轴线贯穿其中。在纵横线交织控制的院落关系中，纵为主，横为次，形成了第四对阴阳关系。院落空间的"四正思维"也构成了一对阴阳关系，整体上形成了一个序列布局完整的八卦空间。从内外空间层次演进的角度来看，同样体现了阴阳组合的关系。从东南位置的宅大门，经过垂花门、中院正房、内院后房，直至后罩房，不仅反映了等级尊卑的礼制观念，而且每一级组合都构成了一个递进层次，形成了一个层级的阴阳关系。

由于中国古代社会的农耕基础以及"择中而居""居中为大"的思想观念的影响，阴阳五行、阴阳八卦思想往往与之相糅合，进而影响到中国传统民居的单（阳）数开间，影响到传统民居村落的规划布局。以浙东南永嘉的苍坡村、皖南被宋代大儒朱熹誉为"呈坎双贤里，江南第一村"的徽州古村落呈坎为例，后者以八卦式的特殊格局和左祖右社的典型模式表达出深厚的传统文化内涵，就是因为受到了阴阳五行思想的影响。美国纽约州立大学地理学系主任 R. G. Knapp（那仲良）教授经过对苍坡村的实地调查后得知，随着苍坡村的发展，五行说也越来越受到重视，特别是相生相克之说法。在苍坡村西边的山本应是属金的平二阔（疑为"平而阔"）的，却成了属火的尖锐山峰。在北面属水的地方，其实没有足够的水来克制西面的火和南面的火。为了化解过剩的火，苍坡村东南方挖了两个长方形池塘。而在村中纵横文叉的河水渠，据说是可以引水流过来克制火的威胁。与阴阳、五行、八卦相联系，同样深刻影响中国传统民居的是中国传统文化中的天人合一思想和实用理性精神。天人合一和实用理性可以说是中国传统文化的基本精神和价值取向，也可以说是中国传统文化区别于西方文化的总体特征。因此，天人合一和实用理性不仅内化为中国传统民居的哲理观，而且直接影响了中国传统民居的宗法观、环境观、思维观和审美观等方面。需要强调的是，天人合一和实用理性是以人本思想或以人本主义为内核的。民居是最具实用性的建筑类型，民居建筑的主要功能在于满足民众（主要是平民百姓）的生产生活需要。从民居建筑的选址到布局，从民居建筑的营造到造型，乃至民居建筑的装饰装修，始终一贯的指导原则即是满足房主的现世生活之需，努力实现民居建筑对自然、社会、人文的内在的综合适应性要求。

　　天人合一思想在儒家、道家有着不同的意义指归（主旨和意向）。儒家强调的是个体对群体的适应，这种思想可以透过汉族合院式民居建筑的布局得到直观而形象的理解，如北京的"四合院"、云南的"一颗印"、浙江的"十三间头式"、福建的"五凤楼"、闽西的"围楼"、江西赣南的"围屋"和"三间两廊式"、广东的"围龙屋"及"四点金式"和江苏的"四水归堂式"。这种布局和空间组合的广泛性和普遍性也表明儒家思想对中国传统民居建筑的影响占主流地位。与儒家相异，道家的天人合一追求的是人与自然的和谐及其天然真趣。这种思想对传统民居，特别是具有较好水系环境的古村落布局有着巨大影响。儒家、道家对天人合一思想的不同阐释，在中国传统民居建筑的历史发展中都得到了具体的表现，就中国传统民居建筑的环境观而言，则构成了殊途同归的天人合一的环境理想。

三、中国传统民居建筑的宗法观念

宗法制度作为中国传统社会的一套长期维系且持续演进的制度，以血缘关系为基石、等级关系为鲜明特征，涵盖了政治、文化等多个层面。其源头可追溯至氏族社会的血缘关系在新历史条件下的演变，最终在商代后期得以成形。据《左传·定公四年》所述，周武王灭商后，曾将"殷民六族"分赐鲁公，"殷民七族"分赐康叔，"怀姓九宗"分赐唐叔，这些举措无疑体现了周人对于宗族关系的重视。西周建立后，鉴于深厚的农业生活传统，以及宗族关系在社会生活中的核心地位，统治者为了巩固统治，在商代宗族制度的基础上构建了一套更为完善、等级更为严明的宗法制度。据《尚书大传》记载，周公"六年制礼作乐"，其中嫡长子继承制、封邦建国制和宗庙祭祀制等核心内容均为宗法制度的重要组成部分。宗法制度对中国传统民居建筑的影响深远且全面。无论是聚落景观的布局，还是传统民居建筑的内部构造，甚至是传统民居的营造规格与建筑装饰，无一不体现出宗法伦理观念和礼制等级思想的深刻烙印。这种影响之所以持久而深远，主要源于中国农业社会的长期延续，以及农耕生活和宗族文化心理。因此，有人称中国传统民居建筑是宗法制度的活化石，这实属贴切之言。为了更深入地理解中国传统民居建筑中的宗法观，我们可以从以下三个方面进行简要分析。

（一）在传统聚落中，礼制性建筑不仅地位显赫，而且类型丰富多样

礼，作为宗法制度的核心体现与精髓，不仅规定了天人之间的和谐共处、人际关系的伦理准则，还确立了统治秩序的基石。它既是约束人们生活方式的法规，也是塑造伦理道德、规范生活行为、提升思想情感的准则，具有强制性的规范化与普遍化特征。礼渗透到了中国古代建筑活动的每一个角落，包括传统民居建筑。在传统聚落中，礼制性建筑的普遍存在成为一道亮丽的风景线，它们往往占据着突出而重要的地位。近年来，通过大量的实地调研，我们深入了解了这一现象。从类型上划分，礼制性建筑涵盖了寺庙、宗祠、祖堂、牌坊、廊桥、文塔等多种形式。

礼制性建筑非居住之所，但在传统民居环境中的地位和意义重大。例如，寺庙、清真寺是地区核心，其影响深远。回族居民多围绕清真寺而居。汉族宗祠是独立院落，是祭祀与礼仪活动之场所。祖堂是融入住宅的礼制建筑，是六礼活动之地。四合院、三间两廊式、客家民居、十三间头式中，祖堂均为布局的核心。此外，功名坊、节孝坊等牌坊见证了礼制活动，例如，浙江东阳雅溪村、安徽歙县棠樾牌坊群规模庞大，令人叹为观止。

（二）传统民居建筑中的等级观念和制度

如前文所述，中国传统社会的宗法制度是以等级关系为主要特征的。汉朝以后，因为"罢黜百家，独尊儒术"，维护以"君君、臣臣、父父、子子"为中心内容的等级制便成为维系"家国同构"的宗法伦理社会结构的主要依托，也是礼制、礼教的主要职能。千百年来，建筑被视为标示等级区分，维护等级制度的重要手段。分贵贱、辨尊卑成了中国传统民居建筑中突出强调的社会功能。就等级制度而言，可以以山西

传统民居建筑对昭穆之制的推崇为例加以说明。昭穆之制乃中国古代的宗法制度。营建宗庙时，始祖庙居中，以下按先左后右、左昭右穆的定制交替排列。不仅如此，祭祀行礼时的队列秩序也是如此。昭穆之制便是区别长幼、远近、亲疏、尊卑的，影响传统、社会和方方面面的等级制度。山西祁县传统民居建筑就体现了左上右下、东尊西卑的昭穆之制。东厢房的屋脊高于西厢房，东厢房的尺度略大于西厢房，东厢房的入口也略大于西厢房。等级制度在传统建筑中是十分严谨的，单从宗庙来说，由于天子、诸侯到庶人的等级差别，其宗庙组群、家庙开间、家庙数量、宗庙门堂、梁柱用色以及刻桶形式都有严格的规定，不得僭越。

建筑等级制度作为宗法制度的一部分，是中国古代建筑的独特现象。就整个中国古代建筑体系的宏观意义而言，建筑等级制度的影响在于它不仅导致了传统建筑类型的形制化，建筑的等级形制特色此功能特色更突出，而且促成了传统建筑的高度程式化。严密的等级制度把建筑布局、规模组成、间架、屋顶做法，以至细部装饰都纳入了等级的限定，形成固定的形制。汉族传统民居尤其如此。

（三）血缘家族观念

血缘关系是中国古代宗法制度的纽带，家族观念是中国古代宗法制度的基础，传统民居所秉持的宗法制度的影响也表现在维持和强调血缘家族观念。对中国传统民居建筑的调查表明，聚族而居是宋朝以后封建家族制度的最主要的组织形式，其建筑组合方式大致可分两类：一类是以单元组合为特征的"合院群聚落"；一类是以向心式围合为特征的客家聚居建筑。例如，浙江东阳卢宅村体现了"合院群聚落"的特征，是卢氏累世聚族而居形成的村落。村落入口气势磅礴，捷报门、肃雍堂、乐寿堂、世雍堂等礼制性公共建筑居于主轴线上。主轴线之东尚有两条轴线，主轴线之西还有六条轴线，每条轴线都有多进院落。一座院落是一个小家庭，一条轴线是一个大家族。他们有共同祭祖的祠堂——肃雍堂，也有记载血亲的共同家谱。又如，客家聚居建筑，无论是粤北的围龙，还是闽西的围楼，抑或是赣南的围屋，都是以"点"（祠堂）、"线"（居住用房）围合形式来表达聚族而居的家族观念的。广东梅州西阳镇的棣华居、福建龙岩市永定区湖坑村的振成楼、江西龙南杨村的燕翼围，所刻意强调的家族观念和宗法思想都给人留下了深刻的印象。在聚族而居的传统民居建筑村落中，祭祀祖先的祠堂总是处于最重要、最突出的地位，它们在整个村落的布局里，不是居于村落的中心点，就是处于主轴线的端点。传统民居院落和居住用房都是围绕祠堂或以祠堂为控制点来延伸分布和递进布置的。在很多村落中不仅有整个家族的总祠堂，有些还有家族中每一个分支的支祠堂，成为传统民居建筑分布的多个中心。

四、中国传统民居的环境观念

从生产方式的层面分析，中国传统文化是一种既不同于游牧社会，又不同于工业社会的农业社会文化。中国传统文化的各个层面（物质文化、制度文化和观念文化等）的创造和发展都离不开农耕社会的生活基础。因此，人与环境、人与自然的关系问题始终是中国古代文化讨论的中心。人类关注环境、适应环境并改造环境，缘于人们在自己的实践过程中对于环境价值的认识和深化。环境价值包括物质功利价值和精神审美价值两个方面：物质功利价值表现在人们生于环境、长于环境并从外界环境中获取赖以生存的物质生活资料；精神审美价值表现在人们寄情于环境、畅神于环境，要从外界环境中吸取美感、增进生活的情趣、求得情感的愉悦和审美的享受。中国传统民居的历史发展不仅表现出人类适应环境的高超、精湛的技法和艺术，而且建筑本身成为人们的生活环境，蕴含着丰富而深刻的人居环境思想。在此就中国传统民居建筑的环境理想、中国传统民居建筑的环境模式和中国传统民居建筑的环境意向等宏观层面进行简要分析。

（一）中国传统民居建筑的环境理想

中国传统民居建筑的环境理想的本质可以概括为"天人合一"。天人合一的思想理论是由上古社会原始宗法的天人合一观念转化而来的，其思想萌芽是西周时的"天人通德"观念。传说中，"五帝"以前乃是混沌蒙昧之时，人与自然融为一体，人神相通，没有界限，即《尚书·尧典》所谓"八音克谐，无相夺伦，神人以和"。至五帝时代，颛顼则是"绝地天通"，断绝以往天神和人间的通路，确立了天神与人间二分的思想观念。殷周之际，周人又沿着天人相通的思想理路，提出了"敬德保民""以德配天"的主张，成为儒道天人合一论的思想来源。儒家天人合一的落脚点在主体性和道德性上，注重建筑环境的人伦道德之审美文化内涵的表达。儒家天人合一的环境理想追求则表现为强化和突出建筑与环境的整一和合，以及建筑平面布局和空间组织结构的群体性、集中性、秩序性和教化性。透过中国传统民居建筑，尤其是汉族民居建筑的村落布局和建筑空间组织，我们可以深切、强烈地感受到威严崇高的集中性、井然鲜明的秩序性、礼乐相济的教化性。此外传统民居建筑的装饰装修和细部处理也多以历史典故、神话传说、民间习俗为题材，常用人们熟知的人物图案，借此达到道德教化的目的。

道家天人合一的环境理想同样深刻地影响着古代中国的建筑意匠。道家天人合一的环境理想一方面表现为追求模拟自然的淡雅质朴之美，另一方面表现为注重对自然的直接因借、与山水环境契合无间。古往今来，不乏这种环境理想的具体表现。古代楚都南郢北依纪山，西接八岭山，东傍雨台山，南濒长江，真可谓水萦山绕、天造地设。又如云南的丽江古城，生于自然，融于环境，契合山形水势，布局自由。其道路，街巷随水渠曲直而赋形，房屋建筑沿地势高低而组合，宛自天成，别具匠心，给人以自然质朴、舒旷悠远之美感。

（二）中国传统民居建筑的环境模式

中国传统民居建筑天人合一的环境理想在中国传统社会大多是通过风水理论由风水术加以实践的，这种实践的结果便是"五位四灵"的环境模式。"五位"主要指东、南、西、北、中五个方位。"四灵"主要指道法信奉的四方神灵：左青龙、右白虎、前朱雀、后玄武。就思想背景和思维模式而言，风水理论根基于天人合一的观念，认为天、地、人是统一的整体。风水术由于继承了巫术及占卜之术而具有迷信色彩，但因其糅合了阴阳、五行、四象、八卦之哲理而不无启发意义，还附会了龙脉、明堂、生气、穴位等形法术语，使人感到深奥难喻、高深莫测。风水术将老子名言"万物负阴而抱阳，冲气以为和"奉为经典，把"生乎万物"之气作为本体论的依据，视寻求"生气"、回避"邪气"为风水活动之宗旨，其关键在于"相气""理气"。自古以来，它们对建筑的选址和布局影响深广。从风水堪舆经典《阳宅十书》和《葬经》可知，不论是阳宅还是阴宅，"四灵之地"为风水宝地，其环境构成模式完全套用了五位四灵的模式。《阳宅十书》云："凡宅左有流水谓之青龙，右有长道谓之白虎，前有污池谓之朱雀，后有丘陵谓之玄武，为最贵地。"《葬经》云："夫葬以左为青龙、右为白虎、前为朱雀、后为玄武。玄武垂头，朱雀翔舞，青龙蜿蜒，白虎驯俯。"

近年来，在大量的古代建筑与传统民居建筑调查中，我们亲身感受到了五位四灵环境模式对传统民居建筑，特别是对汉族民居建筑的聚落选址所产生的深刻而广泛的影响。例如，山西平遥传统民居建筑中的风水楼是依据风水理论而建的。风水楼，其要旨是以天之九星、地之九宫的交互感应为宗旨，将宅按洛书九宫划分，并以八卦确定宅门以及其他各部位座宫卦象，从而依九星之序，按各座位卦象与伏位卦象的五行相生相克关系来判定宅及各部位之吉凶。又如广东佛山市三水区乐平镇大旗头村古建筑群，其聚落选址的依据是"枕山、环水、面屏"的风气模式，反映了人们对兴旺发达的心理祈求。整个村落呈现为坐南朝北、前塘后村的总体布局，以合"塘之蓄水，足以荫地脉，养真气"的风水义理而建。

（三）中国传统民居建筑的环境意向

传统聚落和民居建筑总是与环境合为一体的，或临河沿路，或依山傍水，小桥曲径，阡陌纵横，荷塘溪池，家禽成群，宅前屋后，林木成荫。可以说，传统民居建筑是最早的一种强调人与环境和谐一致的建筑类型。中国传统民居建筑所追求的环境意向以崇尚自然和追求真趣为最高目标，以得体合宜为根本原则，以巧于因借为创造至法。这在大量的园记和游记文学中得到丰富而生动的体现。白居易在《庐山草堂记》中说："庐山以灵胜待我，是天与我时，地与我所。"人居堂内，可以"仰观山，俯听泉，旁睨竹树云石，自辰至酉，应接不暇。俄而物诱气随，外适内和。一宿体宁，再宿心恬，三宿后颓然嗒然，不知其然而然"这种"质有而趣灵"的优美环境让人心旷神怡、如痴如醉。文震亨的《长物志》有云："居山水间者为上，村居次之，郊居又次之。吾侪纵不能栖岩止谷，追绮园之踪，而混迹廛市，要须门庭雅洁，室庐清靓，亭台具旷士之怀，斋阁有幽人之致，又当种佳木怪箨，陈金石图书，令居之者忘老，寓之者忘归，游之者忘倦。"追求人居环境的天然真趣和居者情感的审美愉悦。李渔提出的"不能致身岩下，与木石居，故以一卷代山，一勺代水，所谓无聊之极思也"。可谓情真意切。计成主张"虽由人作，宛自天开"，更是言简意赅地表明了环境意向的观点。在现存不少的古代城镇和村落中，其依山循水、随势赋形的环境设计和布局特点，其"绿树村边合，青山郭外斜"的巧于因借的景观创造，具体而形象地表达了中国传统民居建筑体宜因借的环境意向。

五、中国传统民居建筑的思维

中国传统民居建筑犹如一部生动的历史长卷，深刻反映了中国传统文化的人本主义精神，彰显了礼制思想和宗族观念的深厚底蕴。这些建筑以农耕为基础，体现了中国传统文化中的宇宙观和环境观，与自然和谐共生，融入了天人合一的哲学思想，更是中华民族生活智慧与艺术才能的完美结合。它们不仅展现了中国传统文化中乐观向上的生活态度，更体现了重体悟的整体思维方式。这种思维方式将人与自然、人与社会、人与自我融为一体，追求的是内心的宁静与平衡。中国传统民居建筑的思维主要体现在以下几个方面。

（一）中国传统民居建筑的思维与和谐的理念

中国传统民居建筑的思维具有人本主义的整体和合特征，可以溯源到远古时代的阴阳、五行和八卦思想。先秦时期的"三才"思想，其逻辑起点是天、地、人是互相联系的、整体和合的，即所谓"天生之，地养之，人成之"。需要指出的是，这种整体和合又是以人为中心，以人为本的。也就是说，人的现世生存和生活需要决定了民居建筑的选址、布局、营造和装饰装修。人的现世生存和生活需要是多方面内容的组合，由于人们所处的自然社会、人文等条件和环境的差异，这些内容组合特征必然是不同的。中国传统民居建筑在类型和造型特点的丰富性和多样性，反映了传统民居建筑以人为本的自然适应性、社会适应性和人文适应性，反映了中国传统文化以人为本的实用理性精神。透过中国传统民居建筑的布局就不难看出，无论是传统民居村落建筑还是传统民居院落建筑，都较为普遍地强调以祠堂为中心的空间组织结构和由此而表达的群体性、集中性和秩序性特点，这显然就是整体和合的思维的反映。

（二）中国传统民居建筑思维的重体悟特征

从总体的宏观意义上来说，中国传统文化的尚虚性和实用理性特征，也反映和说明了中国传统文化的功能性特征特点。《周易》释卦，《尚书》讲五行，《管子》讲气，重功能倾向越发明显，模糊性越发强烈。所谓模糊性，就是不能给予固定的形式，从而决定传统文化的重体悟的思维倾向，主张主体对客体的认识在于直觉体悟，而不是明晰的逻辑把握。在中国传统文化中，道等重要范畴都不是言语所能穷尽的。对中国文化及其发展影响最为深远的天人合一的思想最终所要达到的目标和意境也是不能由语言概念来确指和表现的，而只能靠主体依其价值取向在经验范围内体悟。中国传统民居建筑对这种直觉体悟性的思维精神的秉承，则突出地表现在村落布局和院落的空间组织上。

中国传统民居建筑通过共生——生态关联的自然性、共存——环境容量的合理性、共荣——构成要素的协同性、共乐——景观审美的和谐性、共雅——文脉经营的承续性，让人深深感受和体悟人与自然、人与人相融相谐的天人合一的人居理想。尤其当人置身于合院式民居之中，沿院庭漫步，绕天井行走，能感受到有一种力量，体会到有一种理念在牵引着，使人在有限的空间中去体悟宇宙的无限和永恒，在瞬时的游历中去遐想生命的伟大和崇高。即使只是一幅幅门联、题对，也总是能传达出进取、为善、博爱的思想内涵，让人感悟颇深，回味无穷。

（三）中国传统民居建筑的象征性思维特征

中国传统民居建筑的象征性思维，是用直观表现或具体事物表示某种抽象的概念、思想感情或意境的思维形式。传统思维的象征性特点与古人对宇宙整体的看法是密切相关的。《周易》作为儒家、道家思想的共同渊源，借助于具体的形象符号，启发人们把握事物的抽象意义；借助卦象，通过象的规范化的流动、联结、转换，具体而直观地反映所思考的客观对象的运动、联系；借助六十四卦系统模型，推断天、地、人、物之间的变化。

象征性思维方式就是观物取象、立象尽意。这种思维方式渗透到古代科技、中医、民居建筑选址布局和建筑营造等的方方面面。例如，山西平遥古城建筑，以象征孔门三千弟子，表达对儒家文化的尊崇和颂扬。

又如浙江永嘉县的苍坡村建筑，全村呈方形，象征着写字的白纸；村南边有一口大水池，象征着砚；水池旁特意安放的长条形石块，象征着墨块；而村落中的那条由东向西、正对村西的笔架形山峰的街巷，称为"笔街"，象征着一支放于笔架之上的毛笔。整个苍坡村的村落空间布局和环境景观象征着笔、墨、纸、砚这为人所熟知的"文房四宝"，以寄托和希冀后人才子辈出、人文荟萃。

中国传统民居建筑的装饰装修深受象征性思维的影响，其装饰秉持"图必有意，意必吉祥"的原则，题材丰富多样，寓意吉祥。这些装饰图案源于自然现象、比喻关联、谐音取意、传说附会等形式，承载着神话传说、历史典故等文化内涵，表达了对美好生活的向往和对吉祥的追求。装饰图案具有广泛的通识性，在民居建筑中普遍使用，其象征意义较为一致，主要象征寓意方式有三种。

1. 水玉比德

水玉比德主要体现在，借助于某些动物、植物和器物的自然属性和特征，加以延伸和情感化、伦理化的比喻。例如，鸳鸯戏水比喻夫妻恩爱，莲花浮萍比喻高洁淡泊，牡丹芙蓉比喻荣华富贵，兰桂齐芳比喻仕途昌达。

2. 谐音取意

谐音取意主要体现在这些例子中：鹿——禄（寓意高官厚禄），蝙蝠——遍地是福，花瓶——平安，鱼——余（年年有余），狮——师（代表权力、威望，是地位高的象征），柿——事（寓意事事如意），猫蝶——耄耋（寓意长寿）。

3. 民谚传说

民谚传说如鲤鱼跳龙门，隐喻登科及第。有些神话传说和历史掌故，如盘古开天、龙凤呈祥、三顾茅庐、桃园结义、竹林七贤等，直接用在装饰中，以强化和提升文化内涵。

总之，中国传统文化对民居建筑的影响广泛而深刻。因此，在讨论传统民居建筑与文化时，需先分析文化的思想资源和基本精神。从核心内容和特征入手，探讨其对民居建筑的影响。仅从哲理观、宗法观、环境观、思维观四个层面进行梳理，远远不能穷尽传统民居建筑与文化的关系，例如，生态观、审美观等都有待拓展和专文论析。

第三节　中国传统民居建筑布局

建筑犹如人生的青春岁月，没有永恒不变的容颜；如同晨曦的微光与暮霭的柔情，还未及细细品味便已悄然流逝。回首间，似有那一抹浅浅的忧郁蓝掠过天际，留下一片静谧的色彩，渗透着时空的斑驳痕迹，努力寻找情感的天平。老旧房屋虽面临倾颓之危，但在人们心中，它们却生机勃勃，充满活力。建筑不仅是民俗的精髓，更是一代人劳作习惯与审美趋向的生动记录，平淡中透露出浓厚的生活气息。建筑是凝固的形态，它如同一面镜子，映照出一个地区独特的风貌特征。每一个中国传统民居建筑都拥有其独特的格局与特点。以下我们就典型的中国传统民居建筑格局进行一番简要的剖析。

一、四合院

四合院是中国传统民居的瑰宝，其设计风格充分展现了中式建筑的独特韵味。在现代社会，众多人被其典雅的建筑风格和深厚的文化内涵所吸引。因此，我们时常能看到对破旧四合院进行精心的修缮和维护，甚至有一些人寻找专业的设计机构，将现代住宅打造成别具一格的中式四合院风格。在追求四合院设计效果的过程中，我们首先需要对四合院的传统风格和格局有深入的了解。在北京城的繁华胡同之中，坐落着许多由东、南、西、北四面房屋围合而成的院落式住宅，这些便是我们熟知的四合院。其建筑格局特点主要表现在以下几个方面。

（一）大门

大门又称街门或宅门，是四合院与外界相连的通道。四合院一般坐北朝南，院门通常坐落于整个院落的东南角，寓意着"紫气东来"的美好愿景。另一种说法是，大门占据八卦中的巽位，是和风、润风吹进的位置，旨在引进东南方的清风，阻挡冬日西北的寒风，被视为吉祥之地，深刻体现了"坎宅巽门"的建筑智慧。

1. 大门的形制

大门的形制根据房主的地位等级不同而不同。四合院的街门分为王府大门、广亮大门、金柱大门、蛮子门、如意门、墙垣式门（门楼）等几种不同的形制。随着西洋式建筑圆明园的修建，在民间也出现了大量的中西合璧式的门楼，被百姓形象地称为"圆明园式"门楼。

（1）王府大门，顾名思义是专门用于王府的建筑。通常的设计是三间房开门一间，而大门上则镶嵌着门钉。根据不同的等级，门钉的数量也有所差异，最多的可以达到63颗。

（2）广亮大门和金柱大门均为官宦之家所钟爱，彰显着他们的尊贵与权威。广亮大门宽敞宏伟，一开间之宽，门设于中柱之上，显得庄重而气派；金柱大门则规格稍逊，门设于金柱之间，虽尺寸较小，却也别有一番精致之美。

（3）蛮子门和如意门为一般人家所使用。蛮子门设于檐柱，靠前；如意门在檐柱砌一堵墙，门小，门头砖雕或瓦片堆成链形、砂锅形图案。

（4）墙垣式门，即简单大门为砖砌门洞，无内部空间，称门楼。

2. 大门的构建

四合院的大门往往占据一间房的宽敞面积，其设计精巧且零部件繁多，仅听其营造名称便令人叹为观止：门楼、门洞、大门（门扇）、门框、腰、塞余板、走马板、门枕、连槛、门槛、门簪、大边、抹头、穿带、门心板、门锁、插关、兽面、门钉、门联……这些零部件共同组成了四合院威严而精致的大门。其中，门楼的屋顶铺瓦，既有筒瓦的简洁，又有仰合瓦的华丽，而屋顶上的清水脊与卷棚（又称元宝脊）交相辉映，更是增添了建筑的韵味。

（1）清水脊通常在两边有两块向上的瓦，称为蝎子尾、鸱尾、朝天笏，在蝎子尾下面有花砖。房檐位于头的位置，通常装有博风，起到保护头墙的作用，博风也可以有砖雕。

（2）雀替是位于檐柱和檐枋之间的木构件，在力学上有一定的作用，但雀替和三福云更多的是官品的象征。只有王府大门、广亮大门和金柱大门上才有雀替，而蛮子门和如意门由于大门设在檐柱上，因此没有雀替的位置。

（3）门簪是把楹固定在门中门槛上的木结构，大门用四颗门簪，小门用两颗门簪。门簪露于门外的部分用门簪帽来装饰，门簪帽一般是带有曲线的六角形。门簪帽上雕通常刻有吉祥的图样和文字。

（4）门板有很多种，门板上通常还雕刻有门联，比较讲究一些的街门都雕刻有门心，比较常见的联句是"忠厚传家久，诗书济世长"。门上在中间装有门锁，用于叩门，门下方有护门铁。

（5）门墩是指门枕石位于门外部的部分，通常有箱形和抱鼓形（抱鼓石），门枕石的内部有一石窝用于插入门枢。门墩是门楼中比较有特色的一个组成部件，通常由须弥座、抱鼓或箱形，以及兽吻或狮子（有说是狻猊）几部分组成。根据门楼的形制不同，门墩的形制也有差异，出现在门墩上的雕刻是研究中国古代社会文化的重要资料，也是精美的石刻艺术品。

（6）上马石和拴马桩

在门旁通常还有上马石和拴马桩等设施，有的门旁还有泰山石敢当。

（二）影壁

影壁又称照壁或古时的萧墙，是四合院大门内外不可或缺的装饰壁面。其核心功能在于遮挡大门内外可能显得杂乱无章的墙面和景物，同时有效遮挡视线，进而实现视觉的美化并突出大门的出入口。当人进出宅门时，迎面而来的首先是经过精心叠砌、雕饰华美的墙面，以及镶嵌其上的吉祥颂词与赞语。

四合院内常见的影壁可分为三种：第一种位于大门内侧，呈一字形，这便是我们称被为"一字影壁"的影壁。此类影壁可能独立于厢房山墙或隔墙之外，营造出独特的空间氛围。若是在厢房的山墙上直接砌出小墙帽，并以此形成影壁的形状，使影壁与山墙融为一体，我们则称之为"座山影壁"。第二种位于大门外，面对宅门，有两种形状，平面呈"一"字形的叫"一字影壁"，平面成梯形的称"雁翅影壁"。这两种影壁或单独立于对面宅院墙壁之外，或倚砌于对面宅院墙壁，主要用于遮挡房屋和不整齐的房角檐头，使经大门外出的人有整齐、美观、愉悦的感受。第三种为一种独特的影壁设计，它坐落于大门的东西两侧，与大门槽口形成 120° 或 135° 的巧妙夹角，其平面呈优美的"八"字形，被称为"反八字影壁"或"撇山影壁"。在打造这种反八字影壁时，大门特意向内退缩了 2～4m 的距离，从而在门前巧妙地营造出一个小空间，这个空间不仅为进出大门的人提供了缓冲之地，更赋予了宅门更深邃、更开阔、更富丽的视觉效果。在四合院中，绝大部分宅门的影壁采用砖料精心砌筑而成，它们与大门相互映衬、互相烘托，形成了一种密不可分的关系。尽管影壁只是一堵墙壁，但由于设计精巧、施工精细，它在四合院入口处起到了烘云托月、画龙点睛的神奇作用。

影壁墙身的中心区域称为影壁心，通常由 45° 角斜放的方砖贴砌而成。简单一点的影壁可能没有什么装饰，但也必须磨砖对缝非常整齐；豪华的影壁通常装饰有很多吉祥图样的砖雕。影壁墙上的砖雕主要有中心区域的中央和四角，在与屋顶相交的地方也有混枭和连珠。中心方砖上面一边雕刻有中心花，岔角在影壁墙的中央还镶嵌有福寿字的砖匾或者是带有吉祥意味的砖雕。影壁墙的顶一般和屋顶一样，虽然是砖砌，影壁的顶也用砖雕出椽子，并在上设清水脊或卷棚脊的屋顶。

四合院宅门的影壁绝大部分为砖料砌成。影壁主要由座（上）、身（中）、顶（下）三部分组成，下为基座（座有须弥座，也有简单的没有座），中间为影壁心部分，影壁上部为墙帽部分，仿佛一间房的屋顶和檐头。影壁与大门有互相陪衬、互相烘托的关系，二者密不可分。影壁虽然是一座墙壁，但由于设计巧妙，施工精细，在四合院入口处起着烘云托月、画龙点睛的作用。影壁中最大的一座保存在山西大同市内，原为明太祖朱元璋的第十三子朱桂代王府前的一座照壁。壁上雕有九条七彩云龙，有的拨风弄雨，有的腾云欲飞，栩栩如生，各具姿态。影壁中最精美、最华丽的是中国著名的三大彩色琉璃之一的北京北海的九龙壁，原属于明朝离宫的一座影壁。它由彩色琉璃砖砌成，两面各有蟠龙九条。如果仔细查看影壁的正脊、垂脊、简瓦等处，它还雕有许多小龙，大小龙共计 635 条，可谓洋洋大观。九龙壁的摆放也是有它其中的意义的，"数至九九，壁长为暗九"。龙图腾在中国又有消灾弭祸、镇宅、平安、吉祥、财运等含义。龙是中华民族的图腾。九龙的形体有正龙、升龙、降龙，翻腾自如，九龙腾飞，神态各异。正龙威严、尊贵；降龙则温文尔雅，寓意群贤共济、圆满如意、蒸蒸日上的盛世景象。九龙壁在古代通常建在帝后、王公居住或经常出入的宫殿、王府、寺院等建筑正门的对面，是我国照壁建筑的进一步发展。九龙壁有砖雕、泥塑、彩绘、琉璃等多种形式，而以石雕雕刻艺术价值最高。在现代九龙壁则放置在政府、广场、公司，象征富贵、权威、发达，寓意升迁、发达、机遇。北京故宫内东西六宫，每组宫殿院落几乎都有一座影壁，有的是木制的，有的是石雕的，也有的是琉璃制的。影壁上还有寓意吉祥的雕刻图案，工艺甚为精湛。中国江南有些影壁中间砖刻或彩绘着一种怪兽，因它贪食无厌，在海边看到初升的太阳，也想吞食，结果落水淹死。故事以此告诉人们一条哲理：凡贪得无厌者，最后都不会有好下场。

第三座九龙壁位于北京紫禁城皇极门前。故宫九龙壁建于乾隆三十八年。九龙壁的正面共由 270 块烧制的琉璃塑块拼接而成，照壁饰有九条巨龙，各戏一颗宝珠，背景是山石、云气和海水。

以上这三座九龙壁都是中国古代的珍贵建筑，都建在院落的前面，既是整个建筑物的一个组成部分，又显示了皇家建筑的富丽堂皇。除九龙壁外，中国各地还有一龙壁、三龙壁、五龙壁等。四合院都有一座影壁，有的是木制的，有的是石雕的，也有的是琉璃制的，如明代襄阳藩王府门前照壁——绿影壁。该影壁距今 500 多年。影壁高 7.1m，长 25m，厚 1.7m，用绿矾石为壁，白矾石镶边，上雕云龙 99 条，气韵生动，形态各异，是全国石刻艺术中绝无仅有的珍品，与北京北海、山西大同的琉璃九龙壁，堪称我国影壁三绝。

（三）倒座房

倒座房又称倒坐房，是四合院中与正房相对坐南朝北的房子，因此又称南房。倒座房是整个四合院中最南端的一排房子，其檐墙临胡同，一般不开窗。由于门窗都向北，采光不好，因此一般作为客房或者佣人居住的房屋。其最东为私塾，最西为厕所，其间的房子一般为佣人居住。在二进以上四合院中，南侧的街门、倒座房，北侧的垂花门和游廊共同围成四合院的前院，前院是房主会客、办公的场所，通过垂花门之后才是内宅，即四合院的生活区。

（四）屏门

屏门作为四合院中独具特色的元素，主要用于遮隔内外院、正院或跨院，是由四扇或更多可开启的门扇组成的屏壁。它常见于垂花门的后檐柱、室内明间后金柱间、大门后檐柱以及庭院内的随墙门上，因其具有良好的屏风作用，故名屏门。穿过大门，影壁的左右两侧，各有一道屏门静静地伫立。向东望去，屏门引领着通往塾的小院，那里或许书声琅琅，充满了知识的气息；向西望去，屏门后则是通往有倒座房的外院，那里或许是一片宁静的田园风光。在内外院之间的垂花门内，屏门同样发挥着其独特的作用。

（五）垂花门

垂花门是中国传统民居建筑院落内部的门，是四合院中一道很讲究的门，它是内宅与外宅（前院）的分界线和唯一通道。因其檐柱不落地，垂吊在屋檐下，称为垂柱，其下有一垂珠，通常彩绘为花瓣的形式，故被称为垂花门。垂花门又称二门，开在内外院之间的隔墙上，位于院落的中轴线上。前院与内院用垂花门和院墙相隔。外院多用来接待客人，而内院则是自家人生活起居的地方，外人一般不得随便出入，这条规定就连自家的男佣都必须执行。旧时说的大户人家的闺女"大门不出，二门不迈"，这里的"二门"就是指不迈垂花门。垂花门是四合院中装饰富丽的建筑。

因为垂花门的位置在整座宅院的中轴线上，界分内外，建筑华丽，所以垂花门是全宅中最醒目的地方。垂花门的屋顶通常是卷棚式，或一殿一卷式，即门外为清水脊式，门内为卷棚式。垂花门的门有两道：一道是在中柱位置上，白天开启，夜间关闭；另一道是屏门，在内檐柱位置上，平时关闭，起到隔绝内院视线的作用。从垂花门进入内院是通过垂花门两侧内檐柱与中柱之间的空间，此空间通常与抄手游廊相衔接。垂花门整座建筑占天不占地，这是垂花门的特色之一，因此垂花门内有一个很大的空间，从而也给家庭主妇与女亲友的话别提供了极大的方便。垂花门是四合院内的一个重要建筑，它以端庄华丽的形象成为四合院的外院与内宅的分水岭。垂花门一般在外院北侧正中，与临街的倒座南房中间那间相对，一般垂花门建在三层或五层的青石台阶上，垂花门的两侧则为磨砖对缝精致的砖墙。垂花门建在四合院的主轴线上，它与院中十字甬路、正房一样，在一条南北走向的主轴线上并最先展示在客人面前。进内宅后的抄手游廊、十字甬路均以垂花门为中轴而左右分开。

垂花门油漆得十分漂亮，檐口椽头油漆成蓝绿色，望木油漆成红色，圆椽头油漆成蓝白黑相套，如晕圈之宝珠图案，方椽头则是蓝底子金万字绞或菱花图案。前檐正面中心锦纹、花卉、博古等，两边倒垂的垂莲柱头根据所雕花纹更是油漆得五彩缤纷。

（六）正房

在四合院中，位于正中的房子被称为正房，与厢房形成鲜明对比。《儿女英雄传》第四回中提道："对着照壁，正中一带正房，东西两路配房。"四合院的正房通常为三间，而大四合院的正房则可能扩展至五至七间，均坐北朝南，是家庭之主的居所。正房的明间，即中间一间，被称为堂屋，也称为中堂。三开间的正房堂屋两侧通常是卧室和书房。正房的一大特点是，冬天太阳能够照进屋里，使室内保持温暖，而夏天则能自然地凉爽。在明间正中，常常摆放一张八仙桌，桌子两旁各设一把椅子。墙上则挂着一幅画和两副条幅，或选择挂上四幅中堂画。

（七）厢房

厢房就是在正房前面两旁的房屋。四合院在建筑上有一套固定的规格：北面是正房，东西是厢房，南面是倒座房，东西南北四面都是房子，中间是天井，整体由廊子贯通。坐北朝南，北边的就是正房（上房），南边是南厢房，东边的房子叫东厢房，西边的叫西厢房。还有人说，从阳光照射的角度来区分：早上光线先照到的是西厢房。

老式中国家庭居住在四合院时，老人住正房，中间为大客厅（中堂间），东西厢房是子孙的住房，也常是三间。以东厢房为尊，西厢房为卑，北京四合院东厢房一般住长子长媳，次子住西厢房，佣人住倒座房，女儿住后院，互不影响。因此，在建筑上东西厢房的高度有着细微的差别，即东厢房略高，西厢房略低，但由于差别非常细微，因此很难用肉眼看出来，例如，石家庄四合院的东厢房比西厢房高二寸。而在华北地区，东厢房夏季西晒，冬季直接受到西北冷风吹袭，所以不宜居住。陕西四合院东厢房多被富户用来存储粮物，或作厨房、马厩。1989年《睢县志·古建筑》："袁家山（袁可立别业），……建国后，大殿左侧建厢房十间，作为文物陈列室。"

（八）耳房

耳房就是四合院中主房旁边加盖的小房屋。小型四合院多为"三正两耳"，中型四合院为"三正四耳"。在四合院中，正房两侧可建耳房，如果院子狭长，厢房也可设耳房，有的建成平顶，因此厢房的耳房被称为"盝顶"。另外，耳房也可建在城楼上，天安门城楼两侧就建有耳房。耳房通常是大殿、城门、主厅进门前左右各一个的小房子，可以在这里进行一些进房的准备。通常有两个，也有不止两个的。耳房多为仓库、厨房，外院多为佣人居住。在过去，中间的正房是给长辈住的，耳房是小辈人住的，有地位的差别。现今，正房用来居住，耳房用来放东西。

（九）后罩房

后罩房是四合院建筑中正房后面和正房平行的一排房屋。后罩房通常是在四合院中最后一进院子里的，靠近院落边界的房子。后罩房和正房朝向一致，坐北朝南，其间数一般和倒座房相同，以尽量添满住宅基地的宽度。后罩房的等级低于正房和厢房，其房屋尺度及质量相比而言都要稍差一些。后罩房位于四合院的最后，比较隐秘，通常是主人的女儿或女佣等女眷居住之地。

（十）群房

群房是指正房以外的其他房间，又称裙房，通常指在院子的东侧或西侧的一排房子，作为厨房和仆人住宅。

（十一）廊

廊是中国古建筑中有顶的通道，指屋檐下的过道、房屋内的通道或独立有顶的通道，具有遮阳、防雨、小憩等功能。廊是建筑的组成部分，也是构成建筑外观特点和划分空间格局的重要手段。四合院里的廊是有顶的建筑，用于下雨雪时行走，分为回廊和游廊。回廊是指正房和厢房前面有顶的走廊，顶通常是屋檐延长出来的；游廊是指沿墙的廊（抄手游廊）和连接正房与厢房的走廊（穿山游廊）。有的檐廊和抄手游廊用窗户封起来，成为室内环境，称为暖廊。廊按横剖面可划分为双面空廊、单面空廊、复廊、双层廊等。双面空廊：屋顶用两排柱支撑，四面无墙、无窗、通透；在廊的柱间常设坐凳和栏杆，供游人休息。单面空廊：一边用柱支撑，另一边沿墙或附属于其他建筑物形成半封闭的效果。复廊：在双面空廊的中间隔一道墙，形成两侧单面空廊的形式。双层廊：廊分为上、下两层。

1. 廊的功能

廊的功能主要有以下几方面：

（1）交通联系的功能：交通功能是廊最基本的使用功能，廊实际上就是交通通道的空间化。这一功能以使用者的动态位移为具体表现。廊的众多其他的功能基本上都是在交通联系功能的基础上发展而成的。

（2）组织空间的功能：廊的交通联系功能使其具有类似"路径"的特征，可以起到组织各功能空间的作用。组织空间的功能是对交通联系功能的发展，它能使廊在发挥交通联系的作用时具有更丰富的形态和意义。

（3）容纳公共活动的功能：廊的边界特征和交通功能促使它成为各种人员接触、各种环境共生和各种活动发生的场所，从而衍生出多种多样的公共活动功能。这种功能是廊空间静态特征的具体体现。

2.设计原则

廊在设计时有一定的原则要遵循，主要是以下几个原则。

（1）整体性原则：从廊的主要功能特征来看，无论是交通联系的功能、组织空间的功能还是容纳公共活动的功能，廊都起到一种联系的作用，用以在空间与空间、人与空间及人与人之间形成联系。廊的设计应符合整体性的原则，使各种联系连续、清晰，使人的活动更有意义。

空间构成的整体性。整体的概念是审美和环境评估的基础。这一观点同样适用于对空间的体验和评价。不论是适应哪一种活动的廊的空间设计，都需要多样性的空间形态、多角度的空间构思和多层次的空间构成元素等因素共同作用。

功能的整体性：廊是一种中介空间，决定了它常常作为建筑整体空间的一个部分而出现。因此，它必须服务于整体，在功能上要与整体功能相适应。每一个作为整体的空间都有其空间目标，也就是说有一定的功能倾向。不同的功能会对人产生不同的心理约定和行为约定，使人产生不同的心理特征和行为方式，从而形成不同的行为活动意向。因此，廊的设计必须在功能上与主体空间形成统一的整体，以提供相应的功能环境和满足人的意向。

环境的整体性：廊作为一种人工建筑，总是处于一定的环境条件中，且人的各种活动也必然发生于一定的环境背景下。因此，廊的设计必须考虑环境的制约因素和环境自身的特征。充分利用环境提供的有利条件，摒弃或改善不利条件，使所处的环境更好地为人的活动服务。

文脉的整体性：整体性从文脉层次上讲，实质就是关联性和继承性。在特定环境下，在历史文化发展的过程中，人类行为与环境的长期相互作用形成了大量的积淀物，这些积淀物便是文脉延续的重要条件。

（2）适配性原则：适配性原则主要指与人的生理特征和行为心理特点相适应的原则。适配性原则要求廊的设计必须体现对人的行为活动的支持。

（3）多样化原则：不同的人由于所处背景不同，对空间环境有不同的要求，即使同一个人，在不同的时间、地点、情绪等的影响下也会产生不同的需要。因此，廊的设计应该具有多样性和创造性，才能满足人们多样化的需求，为多样的活动提供支持。多样化的设计可以借助空间形态、技术、材料、照明、色彩等多方面的变化和创新来实现。多样化的设计，有利于使廊的设计随时代的进步不断革新，具有时代特征。

（4）可识别性原则：空间的可识别性是人的基本需求。具有可识别性的空间能给人以安全感和领域感，从而为人的行为活动提供适宜的场所。这也能增强人们内在体验的深度和强度，提高空间的质量。

廊这种建筑类型的应用非常普遍而广泛，除了作为功能空间，以门廊、内走廊、外走廊、檐廊等形式运用于建筑单体中，它在空间范围也有广泛的应用。廊与城市空间发生关系，有助于改善和强化城市空间的形态特征，加深人对城市空间形态特征的认知和理解，并优化城市中的公共活动环境。

（十二）庭院

庭院（院子）是指环绕建筑物（包括亭、台、楼、榭）或被建筑群落包围的场地，统称为庭或庭院，它涵盖了建筑的所有附属空间及植被等元素。作为正房前方的开阔地带，庭院泛指院子。在四合院中，除了内宅和外宅的主要院落外，还分布着一些小巧别致的院子，如正房两侧耳房前的小院，以及外院两侧被屏门巧妙隔开的小院。内宅院落中，通常有一条正南北走向的十字形甬道。老北京的居民大多会在院子里种植树木，除了松树、柏树和杨树因地域限制无法种植外，并不是其他各类树木均可见于庭院之中，北京有民谚道"桑松柏梨槐，不进府王宅"，揭示了庭院种树的诸多禁忌。

北京的四合院分大、中、小三种规格。大四合院的正房是前廊后厦，后有罩房。东西厢房南边的花墙子中间有一座垂花门，门内是四扇木屏风，东西厢房都有抄手游廊，与垂花门相通。正房与厢房之间有圆月亮门，可以穿行。外院，东西各有一道花墙，中间是月亮门，四扇绿油漆的木屏风红斗方字，东边的是"东壁图书"，西边的是"西园翰墨"。北京的四合院的规格具体来说就是可以从这个门到跨院去，南房有穿山游廊。如此布局形成了东西南北互相连通的几个院落。过去能住大四合院的多为皇亲国戚，或者是有相当身份的官员。新中国成立后，这种院子有的成为领导人的住处，有的是单位的办公用房或宿舍。中四合院一般是正房五间或七间，屋里有木隔断或落地罩，也有的正房和厢房带廊子。五间的有三间正房和两间耳房，耳房单开门。七间的，在正房和耳房之间有两个与正房相通的套间。东西厢房各三间，厢房和耳房之间有过道，可通后院。东西厢房的南边有一道院墙，把院子隔成里、外院。院墙的正中间有月亮门，月亮门的后边立一个影壁。外院，东西各有鹿顶一间或两间。鹿顶的房子比厢房稍小一些，用作厨房或是佣人住。南房七间的格局，尽东头的一间是大门洞，大门西边的一间是门房，房门开在大门洞的西山墙。尽西头的一间作车房或作旁门。中四合院多为一般的官员所居住，或者是有一定财力的文化人及做买卖的商人。新中国成立后，北京大部分居民住这种房子，逐渐成为大杂院。小四合院布局简单，一般是北房三间，分成一明两暗或是两明一暗。东西厢房各两间，南房三间，都是卧砖到顶、起脊的瓦房，清水脊的门楼，两扇对着关的街门，各有一个小铁环，用来敲门。也有的小四合院是棋盘心的，或是仰瓦灰梗的。一家两三辈人，住小四合院，独门独院，非常合适。新中国成立后，一部分小四合院依然延续独门独院的格局，大部分成为三四户人家居住的小杂院。

二、潮汕民居

粤东农村多以族群聚居为主，整个村寨的布局与建设都是基于宗族情怀、风水理念、生产生活需求、防御功能以及某些美学观念的深刻影响。潮汕作为粤东地区的一颗璀璨明珠，涵盖了汕头、潮州、揭阳三市，是岭南三大文化板块中的佼佼者，素有"十相留声""岭海名邦"之美誉。这里更是孕育了宋代的"前七贤"与明代的"后八俊"，被誉为"海滨邹鲁"。除了具备中华文化的共性特色，潮汕更是拥有自己独特的地域文化：独特的方言、戏剧、音乐、菜系、工夫茶，以及丰富多彩的民俗风情和人文心态。这里的传统民居建筑文化也独具特色，正所谓"一方水土养一方人，一方人筑一方城"。

潮汕传统民居建筑样式多，以三合院、四合院为基本布局，最基本形式称"四点金"和"下山虎"。规模较小的城镇平民居室有布局狭长的"竹竿厝"。大型民居以四点金为基础扩大规模，有"驷马拖车""百凤朝阳"等。集居式住宅称为"寨"，平民居屋则多为"竹竿厝"，临街多为单间或多间连体结构、面狭而进深的店铺。建筑根据地形和风水建造。地形方面，平地多建平房，少建土楼。风水上，虎地建方形以显威严；水地建对应建筑，如荷叶形建筑。民间传说，中国最大的围楼道韵楼，当年设计为圆楼，但建圆楼总失败，后经风水先生点拨，此地为"蟹地"，要用八卦形才能镇住，改为八卦形，果然顺利建设。

（一）潮汕民居建筑经典格局

1.四点金

四点金是潮汕地区一种独特的民居建筑风格，其建筑格局与北京的四合院有着异曲同工之妙，通常是殷实富足的家庭才能建造的。四点金因其四角上各有一间形如"金"字的房间压角而得名。这种建筑外围常设有围墙，围墙内则布局宽敞的阳台和深邃的水井。大门左右两侧延伸出独特的"壁肚"结构。进入大门，首先映入眼帘的是前厅，两侧的房间则被称为"前房"。随后进入一个开阔的天井，天井两侧各有一个房间，其中一间用作厨房，称为"八尺房"，另一间则存放柴草，常被称为"厝手房"。天井后方则是庄重的大厅，大厅两侧各有两个大型房间，构成了四点金的主体结构。这种建筑多为富贵人家所建，通常还配备祖祠等设施。有的四点金横向扩展，规模扩大，大厅和门厅两侧各增设两房或三房，形成五开间或七开间的格局，俗称"五间过"或"七间过"。更有在一侧或两侧各加一"火巷"和"排屋"的布局，分别称为"单背剑"和"双背剑"，展现了潮汕建筑的独特风貌。

四点金后面的大厅是祭祖的地方，两边的"大房"是长辈居住的，卧室门厅两侧的"下房"是晚辈与佣人的居室，天井左右有回廊的南北厅，有的还有两间小房，作厨房或柴草房，又称"格仔"。"格仔"与大房之间有通往外面的侧门，称"子孙门"，取多子多孙出入之意。

这类建筑形体庄重，以厅堂为身，格局与风水学中山凹环抱同构，天井为聚气空间，对外不开窗，以聚财。方正对称格局易扩展为宗祠和家庙，潮汕宗祠即基于此扩建。四点金格局可扩展为二进祠堂，用于祭祖。王国维《明堂庙寝通考》也讲过此布局。四点金作为传统潮汕民居的基本建造单元之一，其格局独特，采用"井"字形布局，中心对称，由两个一厅二房组成，这些房间相对而设。其整体布局与北方的四合院颇为相似，呈现出一种相对封闭、围合的形态，给人以稳定、安静之感。两者之间最大的区别在于，四点金的大门居中正开。

2. 下山虎

潮汕农村常见下山虎建筑，又称"爬狮""双跪狮"或"单跪狮"，格局比四点金简单，为三合院形式。它有"一厅二房二伸手"的平面格局，也可为单泻水屋顶的廊房形式。

下山虎因为出入门不同，有开正门和边门的区别。通常中间不开门，而是两边开门，两边的门又称为"龙虎门"，也有开正门而不开边门的。下山虎形制十分古老，在广州出土的汉朝明器和北京故宫博物院藏的传为隋代展子虔所做的《游春图》中可见其前身，其格局与云南一颗印住宅颇为相似。下山虎建筑过去的民居大多是一家一户的。随着社会人口的增加，一家一户住的形式渐渐被人们打破，一个民居往往住着三四户人家。这样的住宅虽然住起来有些拥挤、杂乱，但是非常适合人与人之间的友好交往。平整光滑的大理石铺就了天井，所有的房门之上也绘有壁画，这些壁画的内容不同于"门楼肚"上的花花草草，而是民间广为流传的戏剧故事、神话传说，如"穆桂英挂帅""仙姬送子""郭子仪得宝"等。正厅墙上则有一幅长壁画，多为"十仙贺寿图"，皆取吉祥之意，还有红色的檀木、蓝色的橡子（合称为"红蓝桶"），这些丰富多彩的绘画使得下山虎成为一座真正的画苑，就像颐和园的长廊一样，有无处不在的艺术可欣赏。单独画作并不能彰显华丽，还有更具潮汕文化艺术代表的瑰宝：巧夺天工的雕刻、金光闪闪的潮绣和栩栩如生的剪纸，以及永不褪色的嵌瓷，使得整座下山虎富丽堂皇，美轮美奂。

3. 驷马拖车

驷马拖车也称"三落二火巷一后包""三落四从厝"，是潮汕地区的一种复杂建筑风格。蔡泽民的《潮州风情录》对这一格局和功能做了详细描述："落"在潮汕方言中是"进"的意思。第一进有凹形门洞，俗称"门楼肚"。中间是过渡厅，有反照挡在正中。左右各一间房子，称为"前房"。一进与二进间，有天井及左右两道通廊。通廊前端各有一门通火巷，左廊的门叫"青龙门"，右廊的门称"白虎门"，俗称为"龙虎门"。过了天井便是二进，二进有面阔二间的大厅，两边各有一间房子，称为"大房"。厅的前后各由八扇禅门隔起来。二进和三进中间也有天井，天井左右各有一南北厅，南北厅前后两端都有厝手间，相接前后进的大房。三进的结构与二进相同，只是三进的大厅后面隔开一块狭长的暗间，称作"后库"。后库左右有门通后包。主体建筑两边有一列与它平行的房子，称作"火巷"，由龙虎门及厝手间的内外子孙门连接主体建筑。后包指三进后面的一列房子。整个建筑格局就像一架由四匹马拉着的车子，故名"驷马拖车"。

驷马拖车是以三厅二天井的祠堂为"车"，以祠堂两侧各纵向并排的二座四点金为"马"，以"火巷"与主座隔开，最外侧再加建"火巷""排屋"围合，使之成为一座庞大的独立单元。庙、屋前均有宽广的大广场，称"禾坪"。禾坪前均开一半月池。另外还可于后面成片扩建下山虎、四点金，形成更为庞大的聚落，里面门巷相通，既分又合，可谓传统的"安全生活小区"。驷马拖车往往为大家庭或族亲联合建造。揭阳榕城北窖丁氏光禄公祠和澄海隆都陈慈黉故居是潮汕典型的驷马拖车建筑。

驷马拖车在整个建筑的各个部分都有它特殊的功能。头进的"反照"是为了遮挡路人和客人的视线，不致使屋里一览无遗。通廊是主人和来访客人停放交通工具的地方。南北厅是平时接待客人用的，而长辈们重要的会见和议事则在二进和三进的大厅进行，三进的大厅还设置祖龛，供奉祖宗灵位。逢年过节、祖宗忌辰、家人要远行就要开龛门祭拜，抑或向祖宗"告别"；家人做了伤风败俗的事要绳之以家法，也要开龛焚香，让他在祖宗面前请罪。后库则是供办丧事时停放棺柩的地方。主体建筑的大房由长辈居住，最高长辈一般住在三进的房子，其他房间由小辈居住。磨房、厨房、浴室、厕所等生活用房都集中在左边的火巷。家中遇上办喜事，则各进大厅的禅门洞开。办丧事时更为隆重，不仅要卸下"反照"，还要卸下各进的禅门。所有天井架上地板，天井的上空撑起帐篷，这样一来，一、三进形成了一个宽敞的大空间，便于进行各种活动。总的来说，主体建筑前低后高，每进递增三级石阶，这样便于突出主要厅堂，更重要的是为了不让前进遮住后进，保证后进的采光。后包是为了保护主体建筑和防盗而设。当然，像这样大规模的房屋，一般人家是没有财力建造的。现存较完整的驷马拖车可在广东省汕头市澄海区隆都镇的陈慈黉故居看到。

潮汕民宅注重装饰，驷马拖车是其特点之一。柳木漆红，橡子漆蓝，称"红蓝桶"。山墙脊端有五行造型，脊饰优美。嵌瓷是潮汕民间工艺，用瓷片嵌出花草、鸟兽等形象。还有的雕刻或镂刻出各种形象，使建筑物富有艺术气息，古色古香如皇宫建筑。

值得一提的，还有饶平的竹竿厝。这种房屋是直通通的一列既长而高的房屋，宛若平放着的竹竿。根据家居需要，可将房子隔成若干格使用。饶平很多地方临海，海风较大，所以不少房屋都是垒石而成，十分牢固。潮汕民居的建筑方位一般都是取朝南偏东，以南为主。这样冬可挡住严寒的北风，夏又可接受凉爽的南风。还有在民居植树的习俗，称作种"镇宅树"，以龙眼、番石榴为多。龙眼又叫作"桂圆"，取其吉祥之意；番石榴多子，取多生贵子之意。忌种苦楝，苦字当头，种了唯恐不吉；还忌种桃树，据说桃树容易成精，蛊惑男人，徒生灾祸。

（二）潮汕民居的常用建筑格局

以上是潮汕传统民居建筑中的三种经典格局，下面是潮汕传统民居建筑中常用的建筑格局。

1. 多壁连

多壁连是由多座四点金并排围起来而成，中间一座常常改为祠堂，这样才能压住地气。官厅是把前后二座四点金合并而成，成为三厅二天井十六房的大型建筑物，俗称"三厅亘"。

2. 百凤朝阳

百凤朝阳俗称"三座落""三厅串"，较大规模的称"八厅相向"。它由两座四点金纵向合并与扩充，整个平面系中轴线对称布局，主体建筑共三进三座（"八厅相向"为四进四座）三开间平行布置，相邻两座中间均隔着天井，天井两侧各有厢房连接各座，形成围合。主体建筑两侧各有一列或两列排房，即俗称"从厝"，以巷隔开，称"火巷"，从厝排屋一般是"一厅四房五间过"，或由两组一厅二房连成。主体建筑后面又有一列排屋，与两侧从厝排屋相连，与后厅以巷隔开，此为后包。整座宅院的正门开于门楼间中央，门前有一大堤，大堤两侧均有门，称"龙虎门"。此宅院的平面形式和客家之"三堂二横"围龙屋十分相似。真正的百凤朝阳还要求有一百间房屋。

3. 竹竿厝

竹竿厝是多间连体的房屋，以布局狭长而得名，厨房、客厅、住房、天井排列成狭长的空间，组合位置无规则，类乎广府民居中的"竹竿屋"。它是一种传统建筑形式，这种民居以布局面窄而细长，犹如竹竿而得名。一种是从厨房进入天井、客厅，一种是从客厅经天井到卧室、厨房等。竹竿厝还有由厅、房、天井再组合成如"单背剑"等形式。竹竿厝占地少，又能在狭长或临街土地上建成，构筑时由天井、客厅与偏廊灵活组合，虽有左右邻居，但仍能解决天井采光、通风和排水等问题，故长期沿用。竹竿厝已逐渐被现代化建筑所代替，在潮汕城镇和农村已不多见。

4. 堡寨

堡寨（楼）是大规模集屋式民居群体，聚居人数动辄过万。不同于传统中那种临时木栅寨，它是以灰、沙子、石材等材料构筑成的永久性建筑，为清朝潮汕地区乡村居民军事化的产物，是宋朝以前在中原地区流行的"祠宅合一"的建筑体系的复制。寨子外墙厚实，可以很好地抗击台风和暴雨的侵袭。它基本是封闭的，门窗均向内开，通过两三个寨门与外部联系，如此即可防寇盗，又有利于防风、防水。它从平面上可分为方寨、圆寨，从外围护方式上可分为围楼和围墙。方寨最有名的为潮州的龙湖古寨；圆寨即土楼，在潮安凤凰镇，湘桥铁铺、磷溪、官塘镇，澄海莲华镇皆有。据统计，潮汕人的土楼比客家人的土楼还要多一些，只是没有闽西客家人的土楼有名，但是，中国最大的土楼也在潮汕，即饶平的道韵楼。堡寨多分布于乡村，据不完全统计，潮州古寨有700多座（包括遗址）。

5. 书斋

潮汕人尚学，民居中常设书斋。书斋是一种供男人读书、休息、会友和小文娱的建筑，这种建筑不同于普通住宅，但也是庭院式，有围墙和大门，进大门便是庭堤或天井，正座是一正厅两边房，连着走廊或拜亭。庭或天井中常种花卉，宗族中的读书人或族绅可以在这里进出，清朝常以这种地方办私塾，聘师教育族内少年儿童（但私塾不一定办在书斋，在祠堂中也有）。

6. 包屋

包屋是指大型建筑周围的单间连体屋。如在四点金和下山虎外围加建一圈房屋，则俗称"四点金加厝包"或"下山虎加厝包"。此外，还有归国华侨受侨居国影响而建造的小洋楼，以致现代的别墅、大型商住楼等。

（三）潮汕民居的格局特点

潮汕民居的平面类型丰富多样，其中最为基础且核心的形态是下山虎和四点金。下山虎这一称谓在本地还有"抛狮""爬狮"或"下双虎"的别称，它呈现了一种典型的三合院布局。而四点金则是一种四合院的变体，其他更为复杂的民居形态大多是在这一基本单位的基础上进行扩展和组合，衍生出丰富的建筑形式。当四点金在横向延伸时，形成了"五间过""七间过"的格局；而在纵向发展上，则出现了"三座塔"，也被称为"八厅相向三壁连""驷马拖车"等。这些民居建筑不仅展现了潮汕地区深厚的文化底蕴，同时彰显了其规整有序的建筑风格。通过对潮汕民居平面类型的深入剖析，我们可以归纳出以下几个显著特点。

1. 平面紧凑，类型丰富，组合灵活

潮汕民居的平面结合当地气候炎热潮湿的特点，采取密集布局的方式。它把建筑集中起来加以组合，建筑之间用天井相隔，而天井之间则用厅堂，或通道，或檐廊相连。平面组合很紧凑，它不像北方民居那样建成大院子和分散式布局，而是较好地结合地区特点，并解决了通风、防热、防晒、防雨、防风等问题。虽然潮汕民居的平面布局基本单位都是下山虎和四点金，但它组合灵活，例如，可以组合成中小型民居，而且既可以简单组合，也可以复合组成。

2. 外封闭内开敞和密集方形的平面布局形式

由于封建社会宗法制度，民居有鲜明的阶级性和封闭性，外墙森严，一般不开窗户，但是由于南方气候的特点，人们又要求民居能够通透凉快，因而形成了外封闭内开敞的平面布局方式。在潮汕民居中，为

了取得内部的开敞，一般将厅堂建成开敞式或半开敞式，厅堂本身前后通畅等。

3. 庭院天井布置灵活，室内外空间紧密结合

庭院天井是庭院和天井的统称，面积大者称为庭院，面积小者称为天井，它有着通风、采光、排水、换气、家庭副业、杂物使用和美化环境等作用，是民居平面布局中不可缺少的一个组成部分。在潮汕民居中，庭院天井的布置很有特色，它不但布置灵活，而且与厅堂紧密结合，使室内外空间连成一片，共同形成本地民居通透开敞的布局。其基本经验如下。

（1）根据庭院天井的功能要求和不同位置来决定它的形状和大小。

（2）室内外空间一气呵成，紧密结合。

（3）利用廊亭丰富的空间组合。

（4）运用绿化或镂窗花墙，丰富室内外空间。

4. 庭院的朝向和厅堂、天井、通道相结合的通风系统

潮汕地区纬度低，太阳高度角大，辐射热量大，影响室内温度的稳定。因此，如何采取防晒、遮阳、隔热等措施是解决民居降温的重要问题之一。南方气候湿度大，室内空气闷热，因此如何在室内加速散发辐射热、散发人体皮肤热，从而便于人体热平衡，形成有利于居住舒适的条件，将是解决民居湿热的问题。这就要求民居内部具有良好的自然通风条件。在民居中，要取得良好的自然通风效果，首先要有良好的朝向，以取得引风条件。在朝向和引风条件已经具备的情况下，住宅内部的通风效果将取决于平面布局。潮汕民居在平面中采取了厅堂、天井与通道相结合的布局方式来组织自然通风。例如，单天井通风，多见于小型民居中；在大型民居中，则采用多天井通风方式。经调查其效果较好。

综上所述，由于环境因素和人文因素的影响，潮州庭院形成了独特的格局特色。

三、徽派民居

徽派民居受徽州文化传统和地理位置等因素的影响，形成独具一格的徽派建筑风格。徽派建筑又称为"徽州建筑"，是中国传统建筑中不可或缺的重要流派，属于皖派建筑的分支系列。作为徽文化的重要组成部分，徽派建筑备受国内外建筑大师的推崇，其并非仅仅局限于安徽地区的建筑，而是广泛流行于徽州地区（现今的黄山市、绩溪县、婺源县）以及严州、金华、衢州等浙西地区。徽派建筑以砖、木、石为原料，以木构架为主，展现出独特的建筑风格。梁架多用硕大的木材，且注重装饰，展现出精美的木雕艺术。徽派建筑还广泛采用砖、木、石雕，将装饰艺术推向新的高度，充分展现了徽州工匠高超的艺术造诣。历史上，徽商在扬州、苏州等地经营，徽派建筑对当地建筑风格产生了深远的影响。徽派建筑坐北朝南，注重室内采光，以砖、木、石为原料，以木构架为主，以木梁承重，以砖、石、土砌护墙，形成了独特的建筑风格。徽派建筑以堂屋为中心，以雕梁画栋和装饰屋顶、檐口见长，展现出徽州文化的独特魅力。

徽商经商，彰显实力，徽商衣锦还乡后，以奢华豪宅、整修祠堂或牌坊体现身份与风骨。徽派建筑讲究规格礼数，官商有别。除富丽堂皇的徽商之家外，小户民居也雅致。它们集徽州山川之灵气，融中国风俗文化之精华，风格独特，结构严谨，雕镂精湛。民居、祠堂、牌坊被誉为徽州古建三绝，为中外建筑界所重视。民居依循徽派建筑的技术规范，运用梁枋交错、纵横交织的木构架体系，构建起功能完备且布局合理的立体空间格局。其中，宽敞的大堂屋与私密的小卧室相辅相成，共同满足了日常生活起居的多样化需求，也巧妙地构建了一种互为补充、和谐统一的空间艺术形式。

（一）门楼

徽州建筑的大门通常都配备有精美的门楼，那些规模稍小的则被称为"门罩"。这些门楼和门罩的主要功能是防止雨水顺着墙体流淌时溅落到门上，保护门不被雨水侵蚀。一般农家的门罩设计较为简洁，在离门框上部不远的位置用水磨砖砌出向外挑的檐脚，顶上覆盖瓦片，并刻有一些简单的装饰图案，显得古朴而雅致。而富家的门楼则比较讲究，多采用砖雕或石雕进行装潢，精美而华丽。黄山市徽州区岩寺镇的进士第门楼就是一个典型的例子。这座门楼呈三间四柱五楼之制，仿明朝牌坊而建，采用青石和水磨砖混合建成，坚固而美观。门楼横上雕有双狮戏球，形象生动，刀工细腻，堪称艺术佳作。而柱两侧还配有巨大的抱鼓石，更显高雅华贵之气。门楼作为住宅的脸面，不仅具有实用功能，更是体现主人地位和审美情趣的重要标志。

（二）门厅

跨入宅院的第一道门槛，就是宽敞而庄重的门厅。门厅设计巧妙地融合了大门、屏风（中门）与天井三大元素。平时，中门紧闭，只留耳门供人通行，以保持厅堂与大门的隔绝。然而，每当贵客高朋莅临，中门便会敞开，迎接他们的到来。这样的设计不仅体现了徽州人的儒雅风范，更是彰显了他们对私密性的尊重与追求。

（三）天井

究其宅内设天井之由：因"徽州地窄人稠、力耕所出，不足以供，往往仰给四方"。徽人常出外经商，即使务农者农闲时也常外出经商，很少在家，家中只留妇孺老少，为防盗、防火，民宅多以高墙封闭，很少开窗或只在楼上开小窗，就靠内设天井采光、通风。天井布局随面阔方向呈长方形，伸到两卧室的窗中线长宽比约 5：1。这种天井的采光效果与北京四合院天井不同。北京天井面积大，光线比较柔和，给人以静谧舒适之感。天井是厅堂空间的扩充，厅堂向天井一面都不设门，在太师壁处能望到"一线天"，可"晨沐朝霞，夜观星斗"。古徽风水歌中道："何知人家有福分，三阳开泰直射中。何知人家得长寿，迎天沐日无忧愁。"由于宅内上下厅及连廊都围天井布局，其屋面雨水都从四方流入天井明塘内，称"四水旺堂"。徽商谓之"聚财气"，肥水不外流，故有天井屋称"聚财屋"，并利用天井透进光照和蓄积雨水，盆栽花卉，聚水养鱼，以备防火。

（四）厅堂

徽州传统民居中的大厅，通常被巧妙地设计为宽敞明亮的空间，三面敞开，面向庭院或天井，有着浓郁的开放气息。这种布局不仅增强了室内外空间的交流互动，还充分利用了自然光线，使厅内明亮而通透。在冬季，居民可以通过灵活地活动隔扇调整室内温湿度，保证居住环境的舒适度。大厅两侧通常配备廊道，直通天井，既增加了空间的流动性，又使得室内外空气得以顺畅交换。此外，大厅中央常设置一道屏门，平时居民可由屏门两侧自由进出，保持了空间的私密性和实用性。而在举行重大礼节性活动时，如迎接贵宾或举办婚丧嫁娶等仪式，则可以通过屏门中央的门户进出，显示出庄重与礼仪的严谨性。

民居明间为厅堂，由于在厅堂内活动比较频繁，所以厅堂是居宅中主体建筑与内宅联系方便的中心部位。《释名》曰："厅，听事也，堂者当事也。"古徽民居厅堂也有雷同之处，作为迎宾会友、练艺、读书、晏乐的活动场所，厅堂体量比较高大宽敞，厅内三面装有"门"形木鼓门或板壁，中间称"太师壁"，这是北方少见之做法。厅内陈设富丽豪华，以供陈列鉴赏。例如，太师壁处上挂匾额，匾下挂祖宗肖像。太师壁前摆长条桌，桌上陈设长鸣钟（谐音：长命终），置东瓶西镜（谐音：终身平静）。还有八仙桌、太师椅、家具多为楠木、红木等贵重木材制作而成，古色古香。这些家具既是日用品又是艺术品。两边板壁上挂字画，柱上还有泥金木对联，其内容或言志或抒情，贯穿对家庭的赞颂、对后代的启迪。例如，古影"桃花源里人家"中挂的楹联有"能受苦方为志士，肯吃亏不是痴人""几百年人家无非积善，第一等好事只是读书"。其含义深刻，给厅堂添色增辉。

（五）穿堂式

穿堂式又名"回厅"。穿堂的位置在大厅背后，与大厅紧连，是大厅进入内室的过渡建筑。其大部分为木地板，小三间与大厅相背，入口则由大厅正面隔屏的两侧门进入。一明堂，二个房间。穿堂较正式三间小，有天井采光。

（六）楼厅

徽派民居多为两层，偶有三层，楼层与底层平面布局基本重复对称，称"重屋"。因江南水乡雨量充沛、气候潮湿，古徽人有住楼上的习俗，把楼厅作为主要活动场所。在明初楼层高于底层，为使楼厅内活动方便，采用"跑马楼"形式，用"穿廊过厅"的做法。天井两侧设回廊阁道，连廊多建成"暖廊"，靠天井一面有隔扇，冬可避风保暖，夏季四季洞开，凉风飒爽。也有建成"半廊"的，在柱间天井一面安装半截栏杆或栏板，另一面是墙顶，这一虚一实显得活泼风趣。

综上所述，传统徽州民居建筑最基本的格局是三间式，一般为三开间、内天井，民间俗称"一颗印"。其平面布局对称，中间厅堂，两侧厢房，楼梯在厅堂前后或在左右两侧。入口处形成一个内天井，作采光、通风用。在此基础上建筑纵横发展、组合，可形成四合式、大厅式和穿堂式等格局。四合式大多为人口多的家庭居住，也可说是两组三间式相向组合而成，可分为大四合与小四合。大四合式前厅与后厅相向，中间是大天井。前厅是三间式，但地坪较高，为正厅堂；后厅也为三间式，但进深可略浅，地坪面较前厅低。前后二厅以厢房相连，有活动隔扇，楼梯间有设于厢房的，也有设在前厅背后的用内部木板分隔，外墙均为马头墙。天井则根据地形可大可小，也有的在前厅背后再设厢房、小天井。这种大四合式住宅前后均有楼层。小四合式前厅三间，与大四合式相同，后厅则为平房，也更小，进深浅，一般中间明堂不能构成后厅，而作为通道，两个房间供居住，天井也较小，楼梯均在前厅背后。

大厅式住宅主体部分为迎接宾客、举办大礼及祭祀活动的场所，也可作为日常起居。其多为明厅，配二廊及天井，可设屏门控制出入；也有侧门，天井下方设客房。穿堂式建筑为过渡空间，有明堂及小房间供居住。徽州人聚族而居，大户人家房屋相连，但仍保持基本格局。

徽派建筑民居的特点可概括为三点：一是其和谐流畅、统一规划的整体美感。外观以黛瓦、粉壁、马头墙为显著特征，内部则以砖雕、木雕、石雕为装饰亮点，这些精致的雕刻艺术让整个建筑更加生动有趣。二是其高宅、深井、大厅层峦叠嶂，溪流纵横，这种空间布局错落有致，给人一种视觉上的享受。三是其清雅简淡、因陋就简的朴素美感。这种朴素美并不是简单的缺乏修饰，而是通过巧妙地利用自然环境，与建筑本身相结合，达到一种浑然天成的美感。

四、客家围屋

曾有人误将客家人誉为"东方吉卜赛人"，误以为他们热衷迁徙。然而，事实并非如此。客家人并非生性好动、热衷迁徙。他们之所以被迫由北至南迁徙，是因为生存环境受到了严重威胁，成了"客"。这个称号既是对他们迁徙经历的承认，也表达了他们作为客人的身份。尽管身处异乡，他们的内心却始终眷恋着故土，对祖先充满敬仰。从客家围屋的格局中，我们可以窥见他们对家庭的重视和对祖先传统的传承。

两晋至唐宋，黄河流域中原汉人因战乱饥荒南迁，经历五次大迁移，最终居于南方山区或丘陵地带，称为"客户"或"客家"。为防外敌及野兽，客家人聚族而居，形成了各种楼房，其中围龙屋最为著名，体现了客家建筑文化。

围龙屋不论大小，大门前必有一块禾坪和一个半月形池塘，禾坪用于晒谷、乘凉和其他活动，池塘具有蓄水、养鱼、防火、防旱等作用。大门之内分上、中、下三个大厅，左、右分两厢或四厢，俗称"横屋"，一直向后延伸，在左、右横屋的尽头筑起围墙形的房屋，把正屋包围起来，小的10多间，大的20多间，正中一间为"龙厅"，故名"围龙屋"。小围龙屋一般只有1～2条围龙，大型围龙屋则有4条、5条，甚至6条围龙，在兴宁花螺墩罗屋就有一座有6条围龙白的围龙屋。在建筑上，围龙屋的共同特点是以南北子午线为中轴，东西两边对称，前低后高，主次分明，坐落有序，布局规整，以屋前的池塘和正堂后的围龙组合成一个整体，里面以厅堂、天井为中心设立几十个或上百个生活单元，适合几十个人、一百多人或数百人同居一屋，讲究的还设有书房和练武厅，令人叹为观止。围龙屋又可分为以下几种。

（一）围龙式围楼

围龙式围楼也称"半圆形围屋"或者"方形围屋"，主要分布在广东省的梅州、惠州、河源、深圳以及江西省的赣州等地。围龙式围屋是围屋中最常见的类型，是典型的客家传统礼制和伦理观念以及风水和哲学思想的具现。围龙式围屋一般背靠山坡而建，其结构以中间的正堂或堂屋为基准。正堂一般是二进至三进，呈方形结构，分为上堂、中堂和下堂（三进）。正堂左右两旁有同样是方正结构的横屋，简称为"横"。自正堂向外，以同心半圆形的房屋结构一层层扩张，每一层称为一"围"或一"围龙"。围龙的层数和一侧横屋的排数一般是相等的。普通的围龙屋有"两堂两横一围龙"（中间有个正堂、两侧各有一排横屋对应一层围龙）、"三堂二横一围龙""四横一围龙（一围龙对应两排横屋）、"四横双围龙"（两层围龙）等，最多可以达到"十横五围龙"。

围龙屋前一般会有一个半圆形的水塘，使得总体看来如同一个太极的图案，陆上屋为阳，屋前水为阴。这也是客家文化中的风水理论的体现。

（二）圆形围楼

福建土楼圆形的围龙屋简称"土楼"、"圆楼"或"圆寨"，主要分布在福建西部。由于其正圆形的外形和全封闭的设计，较早为世人所知。客家式圆楼可能是围龙式的客家围屋和闽南当地的福佬人的土楼结合的结果。与围龙式的客家围屋相比，圆形土楼具有更强的防御性功能。修筑圆楼需要用到质地特殊的黄土，将挖出的黄泥堆放三个月，经过特殊的发酵过程而形成"熟泥"，再经过数道搅拌程序，将煮至融化的糯米浆加入黑糖或蜂蜜，再倒入熟泥中一起搅动，方能使用。自诏安来到台湾云林的诏安客可能在当地找不到合适的建材，而无法建造圆楼，只能建造"冂"形的房子，并连成集村的形式。

（三）方形围楼

方形围楼主要分布在赣南和粤北，也称为"四角楼"。和圆形围楼一样，四角楼注重的是建筑的防御性，四条边上一般有二至四层的围楼，四个边角都是碉楼或炮楼，有如堡垒。中间仍然保持"三堂二横"的祠堂形式，或者浓缩为一间祖祠。代表性的方形围楼有江西安远的东升围和龙南关西新围、燕翼围等。东升围是中国最大的客家方形围屋，关西新围和燕翼围已被列为国家重点文物保护单位并已申报 2019 年世界文化遗产。

（四）椭圆形围楼

椭圆形围楼是将一般的围龙式围屋的前坪（本来是水塘的部分）也围起来，称为"前围"，从而成为一个类似于带跑道的足球场的形状。这种围屋比起围龙式围屋更加强调防御性。代表性的例子有闽西的长汀县涂坊镇的为南堂，以及台中东势的围龙屋群落。

围龙屋的设计与建造融科学性、实用性、观赏性于一体，显示出客家先人的出色才华及高超技艺。围龙屋与北京四合院、陕西的窑洞、广西的干栏式建筑、云南的一颗印并列一起，被中外建筑学界称为中国五大特色民居建筑，又被称为"世界民居奇葩"。如今，客家人已走出封闭的围龙屋，走出狭窄的山门，走向辽阔的世界。围龙屋成为一种历史的遗迹、一种独特的景观。

围龙屋始于唐宋，盛行于明清。客家人采用中原汉族建筑工艺中最先进的抬梁式与穿斗式相结合的技艺，选择丘陵地带或斜坡地段建造围龙屋，其主体结构为"一进三厅两厢一围"。他们的居住地大多在偏远的山区，为防止盗贼的骚扰和当地人的排挤，他们建造了营垒式住宅，形式有两种：一种是砖瓦结构；另一种是特殊土坯结构，即在土中掺石灰，用糯米饭、鸡蛋清作黏稠剂，以竹片、木条作筋骨，筑起墙厚 1m、高 15m 以上的楼。

普通的围龙屋占地 8 亩、10 亩，大围龙屋的面积已在 30 亩以上。建好一座完整的围龙屋往往需要 5 年、10 年，有的甚至更长时间。一座围龙屋就是一座客家人的巨大堡垒。屋内分别建有多间卧室、厨房、大小厅堂及水井、猪圈、鸡窝、厕所、仓库等生活设施，形成一个自给自足、自得其乐的社会小群体。

广西贺州客家围屋建于清乾隆末年，距今已有 200 多年的历史。由于是江家兄弟所建，所以又称"江家围屋"，也叫"大江屋"。贺州"大江屋"在现存的广西客家围屋中规模堪称第一。围屋占地面积 30 多亩，分南北两座，相距 300 米，呈掎角之势。南座三横六纵，有厅堂 8 个，天井 18 处，厢房 94 间；北座四横六纵，有厅堂 9 个，天井 18 处，厢房 132 间。整座围屋建筑为方形对称结构，四周有 3m 高墙与外界相隔，屋宇、厅堂、房井布局合理，形成一体，厅与廊通，廊与房接，迂回折转，错落有致，上下相通，屋檐、回廊、屏风、梁、柱雕龙画凤，富丽堂皇，是典型的客家建筑文化艺术结晶，素有江南"紫禁城"之美称。其古老独特的客家建筑、精雕细刻的百兽图案、古朴典雅的明清家具、历经百年沧桑的农家作坊、热情奔放的客家歌舞、独具特色的客家饮食、感人的客家历史传奇，是一部永远读不完的百科全书，是客家文化的象征，它们全面展示了客家人的人文历史。客家围屋给游人留下无限的遐思、美好的记忆。围屋奇异而神秘的建筑、纯朴而好客的客家人、如诗如画的田园风光，不失为民居旅游美景。

第四节　中国传统民居建筑的形态

在中国建筑的发展历程中，经典的传统民居住宅，它们在历史的长河中占据着举足轻重的地位。直至今日，它们的身影依然历历在目，无法被时光所湮灭。分别是四合院、晋中大院、陕北窑洞、徽派民居、浙江民居、藏族碉房、湘西吊脚楼、客家土楼及傣家竹楼。在现代建筑中，四合院和徽派民居因其卓越的兼容性而尤为突出。它们不仅保存得最为完整，而且至今仍被广大民众广泛使用，成为两种极具生命力的建筑方式。

一、四合院

四合院又称"四合房"，是中国的一种传统合院式建筑，其格局为一个院子四面建有房屋，从四面将庭院合围在中间，故名"四合院"。所谓四合院，"四"指东、西、南、北四面，"合"即四面房屋围在一起，形成一个"口"字形。四合院就是三合院前面又加门房的屋舍封闭。呈"口"字形的称为一进院落；"日"字形的称为二进院落；"目"字形的称为三进院落。一般而言，大宅院中，第一进为门屋，第二进是厅堂，第三进或后进为私室或闺房，是妇女或眷属的活动空间，一般人不得随意进入，难怪古人有诗云："庭院深深深几许"。庭院越深，越不得窥其堂奥。在中国各地有多种类型，其中以北京四合院为典型。四合院通常为大家庭居住，提供了对外界比较隐秘的庭院空间，其建筑和格局体现了中国传统的尊卑等级思想及阴阳五行学说。四合院经过数百年的营建，从平面布局到内部结构、细部装修等特点都形成了中国代表性的风格。

二、晋中大院

晋中大院也叫"山西大院"，是中国传统民居建筑的典范。皖南民居以朴实清新而闻名，晋中大院则以深邃富丽而著称，在山西，元明清时期的民居现存尚有近1300处，其中最精彩的部分当数集中分布在晋中一带的晋商豪宅大院。晋中大院建筑雄伟，精雕细刻，匠心独具，兼具南北建筑文化。这里的建筑群将木雕、砖雕、石雕陈于一院，绘画、书法、诗文熔为一炉，人物、禽兽、花木汇成一体，姿态纷呈，各具特色，充分体现了古代劳动人民的卓越才能和艺术创造力。它称得上北方地区民居建筑艺苑中的一颗璀璨明珠。

山西的古村落很多，但能有如此悠长的历史，同时有如此完整而又完美的村落格局的宅院，又集中在同一个区域内，恐怕也就是晋中了。晋中大院拥有独特的社会文化特色和民情风俗，积淀着深厚的历史文化传统和拥有独特的百姓生活样本。山西梆子戏在清末民初盛行，晋中社火独有的魅力和群体特征，都与大院背后的巨商家族的行为、观念密切相关。在祁（祁县）、太（太谷县）、平（平遥县）这个明清时期的"金三角"地域的乡村里，随便一个村姑都能唱出一段原汁原味的"祁太秧歌"。充溢着浓郁乡情和欢快节奏的秧歌戏等民风民俗构成了韵味十足的区域文化特色。

三、陕北窑洞

窑洞是中国西北黄土高原上居民的传统居住形式，在陕甘宁地区，黄土层非常厚，有的厚达几十千米。劳动人民创造性地利用高原有利的地形，凿洞而居，创造了被称为"绿色建筑"的窑洞建筑。陕北窑洞一般用石头或者砖头砌成，窑洞上面覆盖厚厚的夯实黄土，规模大的可建成并列多间或上下多层，外部也可另建房屋从而形成院落。窑洞一般有靠崖式、下沉式、独立式等形式，其中下沉式是在平地上向下挖院式天井，再在井壁横向挖窑洞，分正房和厢房，入口坡道在东南角，冬暖夏凉。

陕北窑洞特色鲜明，大多一家一户一个独院，院内有石磨、石碾、石桌椅，有的还有水井，每户都有围墙，墙内是院子，墙外就是庄稼地，种植各种农作物和花草树木，处处充满农家气息。在造型别致、煞是好看的木质窗根上糊了一层薄薄的麻纸，看似弱不禁风，实则环保耐用，在木质窗格子上也贴着各种各样的剪纸（窗花），陕北窑洞的这些特点使窑洞顿时有了独特的生活韵味。

四、徽派民居

徽派建筑是中国传统建筑重要的流派之一，其源于东阳建筑。徽派建筑作为徽文化的重要组成部分，历来为中外建筑大师所推崇。其并非特指安徽建筑，主要流行于徽州六县与严州大部以及周边徽语区。它以砖、木、石为原料，以木构架为主。梁架多用料硕大，且注重装饰，还广泛采用砖、木、石雕，表现出高超的装饰艺术水平。徽派建筑集徽州山川风景之灵气，融传统风俗文化之精华，风格独特，结构严谨，雕镂精湛，不论是村镇规划构思，还是平面及空间处理，建筑雕刻艺术的综合运用都充分体现了鲜明的地方特色。其坐北朝南，注重室内采光，以木梁承重，以砖、石、砌护墙，以堂屋为中心，以雕梁画栋和装饰屋顶、檐口见长。民居、祠堂和牌坊最为典型，被誉为"徽州古建三绝"，为中外建筑界所重视和叹服。

它在总体布局上依山就势，构思精巧，自然得体；在平面布局上规模灵活，变幻无穷；在空间结构和利用上，造型丰富，讲究韵律美，以马头墙、小青瓦最有特色；在建筑雕刻艺术的综合运用上，融石雕、木雕、砖雕为一体，显得富丽堂皇。

五、浙江民居

浙江民居是中国传统民居建筑的重要流派。它多利用水文地形而建，既适应复杂的自然地形，节约耕地，又创造了良好的居住环境。根据气候特点和生产生活的需要，其普遍采用合院、敞厅、天井、通廊等形式，使内外空间既有联系又有分隔，构成开敞通透的布局。它在形体上合理运用材料、结构以及一些艺术加工手法，给人一种朴素自然的感觉。它采用瓦片垒成屋顶，以砖搭建房身，傍水而居。

浙江民居多依山坡、河畔而建。浙江民居坐北朝南，注重室内采光；以木梁承重，以砖、石、砌护墙；以堂屋为中心，以雕梁画栋和装饰屋顶、檐口见长。浙江民居采用瓦片垒成屋顶，以砖搭建房身，傍水而居。浙江民居随着气候、地形环境，以及人们生活习俗的不同而呈现出丰富多彩的变化。浙江民居崇尚自然，讲究风水；强化血缘，聚族而居；顺应礼制，注重人伦。

六、西藏碉楼

藏族民居——藏族碉房分布的地域极为广阔，较为集中的区域有青海的果洛、西藏的拉萨和泽当、四川的阿坝和甘牧。就连内蒙古的部分地区也有藏族民居的分布。虽然这些地方地形气候有所差异，但总体来说，多属于高原地带，因而其典型的藏族民居形式大同小异。

藏族民居的主要形式是碉房。碉房的墙体下厚上薄，外形下大上小，建筑平面都较为简洁，一般多方形平面，也有曲尺形平面。因青藏高原山势起伏，建筑占地过大将会增加施工上的困难，故一般建筑平面上面积较小，而向空间发展。西藏那曲民居外形是方形略带曲尺形，中间设一小天井。内部精细隽永，外部风格雄健，高原的日光格外强烈，民居处于一片银色中，显得格外晶莹耀眼。碉房主要是由土或石建筑而成，或用石块砌筑，或用乱石码砌，或用土砖砌筑，或土石混合，或生土浇捣等，方式多种多样，但都坚固结实、厚重保温，而且形似碉堡，所以俗称"碉房"。藏族碉房的产生是由当地的气候与地理等条件决定并与之相适应的，也是人们在长期的生产和生活实践中逐渐创造出来的。藏族碉房一般建在山顶或河边，以毛石砌筑墙体是为了防御功能，将房屋建成像碉堡的坚实块体。它常为三层，首层用于贮藏及饲养牲畜，二至三层为居室，设平台及经堂，经堂是最神圣的地方，设在顶屋。由于少雨，木结构以石片及石块压边。

藏族民居色彩朴素协调，基本采用材料的本色：泥土的土黄色，石块的米黄、青色、暗红色，木料部分则涂上暗红色，与明亮色调的墙面、屋顶形成对比。粗石垒造的墙面上有成排的上大下小的梯形窗洞，窗洞上带有彩色的出檐。在高原上的蓝天白云、雪山冰川的映衬下，座座碉房造型严整而色彩富丽，风格粗犷而凝重，形成了别具一格的独特韵味。

七、湘西吊脚楼

湘西吊脚楼属于古代干栏式建筑的范畴。所谓干栏式建筑，即是体量较大，下屋架空，上层铺木板作居住用的一种房屋。这种建筑形式主要分布在南方，特别是长江流域地区，以及山区。因这些地域多水多雨，空气和地层湿度大，干栏式建筑是底层架空，对防潮和通风极为有利。湘西吊脚楼依山而建，用当地盛产的杉木搭建成两层楼的木构架，柱子因坡就势，长短不一地架立在坡上。房屋的下层不设隔墙，作为猪、牛的畜棚或者堆放农具和杂物；上层住人，分客堂和卧室，四周向外伸出挑廊，可供主人在廊里做活和休息。廊柱大多不是落地的（便于廊下面的通行无碍），起支撑作用的主要是楼板层挑出的若干横梁，廊柱辅助支撑，使挑廊稳固地悬吊在半空，这种住宅因其外形和结构特点被称为"湘西吊脚楼"。湘西吊脚楼的优点明显：人住楼上，通风防潮，又可防止野兽和毒蛇的侵害。这种住宅在西南山区至今仍有建造。湘西吊脚楼从外观看起来美观、灵巧别致、凌空欲飞，住起来舒适、干爽透气、通风采光。湘西吊脚楼的建筑艺术体现了"地不平我身平"的哲学思想。湘西吊脚楼三面有走廊，悬出木质栏杆，栏杆上雕有象征吉祥如意的图案。悬柱有八棱形、四方形，底端常雕绣球、金爪等，窗上刻有双凤朝阳、喜鹊噪梅、狮子滚球以及牡丹、茶花等各种花草。它古朴雅秀，既美观又实用，很有民族住房的特色，也有独特的韵味。

八、客家土楼

客家土楼结构有许多种类型，其中一种是内部有上、中、下三堂，沿中心轴线纵深排列的三堂制。在这样的土楼内，一般下堂为出入口，放在最前边；中堂居于中心，是家族聚会、迎宾待客的地方；上堂居于最里边，是供奉祖先牌位的地方。除了结构上的独特外，土楼内部窗台、门廊角等也极尽华丽精巧，实为中国传统民居建筑中的奇葩。客家土楼主要有三种典型：五凤楼、方楼、圆寨。从整体看，以三堂屋为中心的五凤楼含有明确的主次尊卑意识，可以肯定，它是客家文化发源地的黄河中游域古老院落式布局的延续发展。在其群体组合中，只有轴线末端的上堂屋（主厅）采用了坚厚的土承重墙。方楼的布局同五凤楼相近，但其坚厚土墙从上堂屋扩大到整体外围。十分明显的是，其防御性大大加强。圆寨，仅就名称而言，已表现出两大特性：一方面，在圆形建筑物中，三堂屋已经隐藏，尊卑主次严重削弱；另一方面，寨就是堡垒，它的防御功能上升到首位，俨然成为极有效的准军事工程。客家土楼建筑具有充分的经济性、良好的坚固性、奇妙的物理性、突出的防御性、独特的艺术性等多种优越性。

客家人居住地域广大，人口众多，客家风俗也是"十里不同风，百里不同俗"，丰富多彩，包罗万象。永定土楼居民的传统风俗在现代化的今天依然保留得很完整，可谓客家风俗的一个缩影，彰显着热情好客的客家人的风韵与魅力。客家并非少数民族。福建客家人大多是唐宋时期因躲避战乱而陆续从北方迁入的中原汉人。如今，他们仍留有中原汉人众多的风俗习惯。随着土楼走向世界，客家风俗也作为中华传统文化的一支走向世界。成千上万的中外游客在感叹土楼这一神奇的世界建筑奇葩的同时，也能品味到土楼里浓厚的客家风情。客家土楼及客家人的民俗风情，展现了客家生活的丰富迷人和客家文化的深厚内涵，诠释出客家人的韵味与风姿。

九、傣家竹楼

傣家竹楼是傣族固有的典型建筑。其下层高七八尺，四周无遮拦，牛马拴束于柱上。上层近梯处有一个露台，转进为长形大房，用竹篱隔出主人卧室并兼重要钱物存储处；其余为一个大敞间，屋顶不甚高，两边倾斜，屋檐及于楼板，一般无窗。若屋檐稍高，则两侧开有小窗，后面开一扇门。楼中央是一个火塘，日夜燃烧不熄。屋顶用茅草铺盖，梁柱门窗楼板全部用竹制成。

傣族居住在热带、亚热带地区，村落都在平坝近水之处、小溪之畔大河两岸、湖沼四周。凡翠竹围绕、绿树成荫的处所，必定有傣族村寨。还保留着大的寨子集居两三百户人家，小的村落只有一二十户人家。房子都是单幢，四周有空地，各家自成院落。傣家竹楼大都依山傍水；村外榕树蔽天，气根低垂；村内竹楼鳞次栉比，竹篱环绕，掩隐在绿荫丛中。

第四章 中国传统民居
建筑空间艺术表现

第一节 中国传统民居建筑空间概述

中国传统民居风格独特，历史悠久，构成了世界建筑艺术宝库中的一颗璀璨的明珠。自北京的四合院至南方的天井民居，从西北的窑洞延伸至西南的干栏式住宅，每一处都深刻体现了中国数千年文明史所积淀的丰富建筑设计智慧。在辽阔的土地上，它们不仅为人们提供了遮风挡雨的庇护所，更在默默诉说着古老的文化传承。

一、中国传统民居的含义

中国传统民居即中国各地的居住建筑，也称"民居"。由于中国各地区的自然环境和人文情况千差万别，各地的民居也呈现出多样化的特色。民居作为中国传统建筑中的一个重要类型，在古代建筑体系中占据着举足轻重的地位。

中国传统民居深植于乡村之中，非出于官方之手，也非出于建筑师之谋，而是民间智慧代代相传、生生不息的瑰宝。这类民居以居住为核心，是建筑世界中"没有建筑师的建筑"的生动写照。在中国建筑的艺术长河中，它如同一颗璀璨的明珠，占据着举足轻重的地位。其诞生与演进，是社会变迁、经济发展、文化交融以及自然环境等多重因素交织影响的深刻印记。

中国疆域辽阔，历史悠远，各地自然和人文环境多种多样，社会经济环境不尽相同。在漫长的历史发展过程中，逐步形成了各地不同的民居建筑形式。这种传统民居建筑深深地打上了地理环境的烙印，生动地反映了人与自然的关系。中国传统民居的多样性在世界建筑史上也较为少见。中国在几千年的历史文化进程中积累了丰富的民居建筑经验。在漫长的农业社会中，生产力水平比较落后，人们为了获得比较理想的生活环境，以朴素的生态观顺应自然，以最简便的手法创造了宜人的居住环境。中国传统民居结合自然，结合气候，因地制宜，具有丰富的心理效应和超凡的审美意境。中国各地的传统民居建筑是最基本的建筑类型，出现最早，分布最广，数量最多。

中国木构架体系的房屋萌芽于新石器时代后期。公元前 5000 年的浙江省余姚市河姆渡文化遗址反映出当时木构架技术水平。公元前 5000 年的陕西省西安半坡遗址和临潼姜寨的仰韶文化遗址显示了当时的村落布局和建筑情况，说明依南北向轴线、用房屋围成院落的中国建筑布局方式已经萌芽。先秦时代，"帝居"或"民舍"都称为"宫室"；从秦汉起，"宫室"专指帝王居所，而"第宅"专指贵族住宅。汉代规定，列侯公卿食禄万户以上、门当大道的住宅称"第"；食禄不满万户、出入里门的称"舍"。近代则将宫殿、官署以外的居住建筑统称为"民居"。

在中国传统民居中，皖南民居和山西民居齐名并列，一向有"北山西，南皖南"的说法。明清时期，深居内陆的晋商、徽商勤俭自强、诚信经营而富甲海内。他们在家乡修建的深宅大院成为中国民居文化的一笔宝贵财富。此外，中国还存在不少比较特殊的住宅形式。到了近现代，由于经济发展、人口增多和现代化程度提高，城市居民多居住在楼房里。用于居住的楼房样式不断变化更新，楼层也有不断增高的趋势。

二、中国传统民居的特征

（一）中国传统民居的民族特征

传统民居的民族特征主要是指民居在历史实践中反映出本民族地区最具有本质和代表性的东西，特别是反映出与各族人民的生活生产方式、习俗、审美观念密切相关的特征。建造民居的经验，则主要指在当时社会条件下如何满足生活生产需要和向自然环境斗争的经验，譬如建造民居时利用地形的经验、适应气候的经验、利用当地材料的经验及适应环境的经验等，这就是通常所说的因地制宜、因材致用的经验。

传统民居分布在全国各地。由于民族的历史传统、生活习俗、人文条件、审美观念的不同，也由于各地的自然条件和地理环境不同，因而民居的平面布局、结构方法、造型和细部特征也就不同，呈现出淳朴自然而又有着各自的特色。特别是在民居中，各族人民常把自己的心愿、信仰和审美观念用现实或象征的手法，反映到民居的装饰、花纹、色彩和样式等结构中去，如汉族的鹤、鹿、蝙蝠、喜鹊、梅、竹、百合、灵芝、万字纹、回纹，云南白族的莲花，傣族的大象、孔雀、槟榔树图案等。这样各地区各民族的民居就呈现出丰富多彩和百花争艳的民族特色。

中国各个地区传统民居的主流是规整式住宅，以采取中轴对称方式布局的北京四合院为典型代表。

（二）中国传统民居的地方特色

中国传统民居建筑没有像官方建筑一样都有一套程序化的规章制度和做法，可以根据当地的自然条件、自己的经济水平和建筑材料特点因地因材来建造房子。它可以自由发挥劳动人民的智慧，按照自己的需要和建筑的内在规律建造。因此，在民居中可以充分反映出功能是实际的、合理的，设计是灵活的，材料构造是经济的，外观形式是朴实的等建筑中本质的东西。特别是广大的民居建造者和使用者是同一的，自己设计、自己建造、自己使用，因而民居的实践更富有人民性、经济性和现实性，也最能反映本民族的特征和本地的地方特色。

（三）中国传统民居的地貌特点

中国是一个地域辽阔的多民族国家，形成许多各具特色的建筑风格。其中较为突出的如下：南方气候炎热而潮湿的山区有架空的竹木建筑"干栏"；清真寺则用穹隆顶；黄河中上游利用黄土断崖挖出横穴做居室，称之为窑洞；东北与西南大森林中有利用原木垒成墙体的井干式建筑。而全国大部分地区则使用木构架承重的建筑，这种建筑广泛分布于汉、满、朝鲜、回、侗、白族等的地区，是中国使用面最广、数量最多的一种建筑类型。数千年来，帝王的宫殿、坛庙、陵墓以及官署、佛寺、道观、祠庙等都普遍采用这种类型，它也是我国古代建筑成就的主要代表。由于它的覆盖面广，各地的地理气候、生活习惯不同，又使之产生许多变化。

（四）中国传统民居的木架建筑特点

在古代，我国广袤的土地上有大量茂密的森林，例如，黄河流域曾是气候温润、林木森郁的地区。随着青铜工具以及后来的铁制斧、锯等工具的使用，木结构的技术水平得到迅速提高，并由此形成我国独特的、成熟的建筑技术和艺术体系。木架建筑是由柱、梁、檩、枋等构件形成框架承受屋面、楼面的荷载以及风力、地震力的，墙并不承重，只起围蔽、分隔和稳定柱子的作用，因此民间有"墙倒屋不塌"的说法。木材加工远比石料快，加上唐宋以后使用了类似今天的建筑模数制的方法，各种木构件的式样也已定型化，因此可对各种木构件同时加工，制成后再组合拼装。

（五）中国传统民居建筑的用材特点

中国传统民居建筑在用材上的特点是简明、真实、有机。简明是指平面以间为单位，由间构成单座建筑，而间则由相邻的两房架构成，因此建筑物的平面轮廓与结构布置都十分简洁明确。真实是指对结构的真实性显示。在各类建筑物中，除了最高等级一类的殿堂建筑需要表现庄严华丽的气氛而使用天花板遮住梁架外，一般建筑都是无保留地暴露梁架、斗拱、柱子等全部木构架部件。有机是指室内空间可以灵活分隔，以满足各种不同的空间需要，并容易与环境融为一体，室内外空间可相互流通和渗透。这种现象在园林及南方气候温暖地区表现得淋漓尽致。这种空间处理上的优势完全得益于木构架结构体系的应用。而西方建筑主要是以石材为主，洋式建筑在近代中国建筑中占据大的比例，这种建筑形式以带有外廊为主要特征，一般为一二层楼，带二三面外廊或周围外廊的砖木混合房屋。紧随外廊样式之后，各种欧洲古典式建筑也在上海等地涌现。

综上所述，中国传统民居的总体特征表现在多个方面：第一，其种类繁多，形式各异，充分展现了民族文化和地域特色的多样性。第二，在选址上，民居多讲究环境和风水，坐北朝南，以利于采光和通风。第三，其主体突出，层次渐进，中央为尊，四面围合，形成了独特的建筑格局。第四，其外观朴素，封闭内敛，体现了民居的含蓄与内敛之美。第五，其因地制宜，就地取材，使得每座民居都与环境相融，独具特色。

第二节　中国传统民居类型及分布

建筑自古以来便与人类文明并肩前行。民居作为其中历史最为悠久、覆盖范围最广、形式最为多样的建筑样式，不仅构成了宫殿、祠庙、寺观等复杂建筑类型的基石，更是建筑艺术的源头活水。民居作为宁静与朴素的居所，不仅满足了人们的基本居住需求，更是承载了深层次的精神意义。它与家紧密相连，成为人们精神休憩与寄托的港湾。我国建筑的起源可追溯至"防"的理念。这一理念催生了向心式的平面构成，形成了理想的美学形态。在北方中原地区，由于自然环境的限制，民居为了抵御寒风与风沙，形成了高墙围合的独特风貌。这种向心式的住宅构成在新石器时代的住宅群遗址中便可见一斑。在中国建筑中，坚固的墙壁不仅是建筑的骨架，更是构成建筑美感的关键元素。这些墙壁不仅包围着住宅、村落和城市，更体现了一种对安全、和谐与归属感的追求。

一、中国传统民居的类型

（一）中国传统民居从造型的角度分类

中国传统民居从造型的角度可分为规整型和非规整型民居。大量的民居造型都很规整，首先表现在平面布局的中轴对称，其中典型的当数北方四合院。它是独立的长方体生活空间。进入四合院之前首先得穿过胡同，胡同是夹于四合院侧面与高墙之间的宁静的小巷。叩开两侧点状设置的大门，首先映入眼帘的是被称为"照壁"的砖墙，上面通常点缀着一些精致的砖雕。照壁的后面是前院，前院和内院通过垂花门相连，穿过垂花门后是位于住宅中心位置的内院，院子四周由四栋房屋相互围合，"四合院"因此而得名。院子正面朝南的主屋称为"正堂"，东西两侧为厢房，对面是倒座的副房。在主房之后还设有后房。整座四合院以东西厢房、南部倒座和后房的外墙体为外墙，外墙不设一扇窗，空间造型十分封闭，只在四合院外墙的东南一隅开一扇门，以供出入。四合院是中轴对称的，其中纵轴穿越整座四合院的南北重点，除了设于东南一隅的院门，整座四合院在平面立面上是对称的。这类民居形制可以说是中国传统民居的常式，即以院落为空间组合的、几重进深的、中轴对称的空间布局。这种规整型民居多见于北方。从文化性格看，北方人要比南方人更注重文化规范。所以北方注重秩序以及有条不紊的居住空间，并且北方地广人稀，而四合院等民居的庭院一般比较宽阔，这样也可以接纳更多宝贵的阳光。

非规整型民居多见于南方。尤其在丘陵地带，地形地理复杂多变，建筑不得不因地制宜。有的民居平面呈"一"字形，有的为曲尺形。有的有院落，呈马鞍形；有的没有院落，这种没有院落的民居多见于临街就建的南方民居建筑。有的孤村独建于山坡之上，室内平面错折多变；有的由多座毗邻的民宅组成一个连续多变的空间序列，平面和立面都可能参差不齐。总之，在文化心理上，南方由于气候趋暖，加之地基条件的限制，尤其是文化传统的不同，其民居的非规范性更明显一些。

（二）中国传统民居按建筑构造方式分类

中国传统民居按建筑构造方式可以分为以下三类：由砖土建造的砖墙结构为主的北方中原地区的住宅；以木结构为主的西南地区的住宅；以内部主体为木结构、外包砌墙体为砖木的混合结构为主的江南地区住宅。在此基础上它又可粗分为两大类：一类是北方的典型住宅。住宅室内不铺地板，四周是坚固的土墙或砖墙，再加上小小的屋顶。这是一种墙壁型的住宅，四合院就属于这种类型，又是内庭型住宅。另一类是中国西南地区的典型住宅。其在柱子上架上楼板与屋顶，周围几乎没有墙壁，它是简单围合的屋顶型住宅。为了防御沙尘暴及敌人的来犯，北方住宅多用墙壁型。为了适应多雨湿润的气候以及充分利用丰富的木材资源，南方住宅多为屋顶型住宅。在传统民居中，墙壁型住宅和屋顶型住宅分别分布在长江的南北两侧，后来墙壁型住宅的范围逐渐扩大，越过长江向南发展，于是屋顶型住宅的分布范围就往西南方向退缩。同时，在这两者之间就出现了二者的折中型。北方墙壁型住宅一般设有用来应对干燥、严寒气候的取暖设施——炕，而且为了能获得充足的阳光，大多采用由一层平房围合出内院的布局。而在纬度较低的长江及江南地区，为了避开强烈的阳光，由二层或多层房屋围合出又高又窄的天井空间，这样的内庭型住宅多见。而外部由高墙围着，内部是各层楼板及屋檐外挑的木结构住宅，可以看作对北方墙壁型住宅的一种折中。

（三）中国传统民居按地域分类

中国传统民居按地域分类，若以长江为界划分南北，一类是北方多见的在坚固的砖砌墙体上加盖简单的屋顶，在不铺地板的房间里生活的墙壁型住宅；另一类是西南地区的在柱梁上架设楼板和屋顶的开放性墙面的屋顶型住宅。随着汉族的南下迁移，墙壁型住宅越过长江向南扩散，因此屋顶型住宅被推挤到了西南地区。直至今日，在墙壁型与屋顶型住宅的中间地带，混存着二者的折中型住宅。

江南传统住宅从总体上来看应属于墙壁型。高高的砖砌外墙，其底层不铺设地板，沿用了四合院的平面布局，同时为了对付冬季的寒风，用高高的墙壁来防止热量的散发，而夏天为了防止强烈的太阳光，同时保证有效的通风，当地人构筑了二层或三层的天井。住宅所有的建筑围合着天井，而且比起四合院的内院，天井更窄、更深。但它没有了北方特有的暖房设施——炕。另外，外墙内侧二层或三层的优美木结构部件暴露在外，内部各室向着天井开放，即同时具有屋顶型住宅的特征。这是一种以中国传统儒家思想为基础的布局，维护着家族的某种生活秩序。所以，江南的传统住宅并不是纯粹的墙壁型住宅，可以作为一种折中型住宅，即江南地域文化培育出的特有的中间型的建筑样式。

（四）中国传统民居按生活习俗、行为特征、空间模式分类

中国传统民居从人的生活习俗、行为特征与空间模式的互动角度，大体上分为院落式民居、楼居式民居和穴居式民居。在所有的民居模式

中，院落式民居是传统民居最普遍的一类民居，也是民居形态中结构技术最先进、构成要素最丰富、"礼"的层次最复杂和装修装饰最多样的一种类型。其最主要的特征是封闭而有院落，中轴对称而主次内外分明。典型的四合院在北方分布较为广泛，尽管在规模、构成、装修装饰、院落小品上有许多变化，但其基本形态特征是共同的。另外，还有多见于农村的三合院、二合院，虽不及典型的四合院那么完整，但都无一例外地保有大门、围墙、院落、正厢房，应该说都是一种合院，是院落式民居的简易形式。林语堂从社会心理层面表述了中国人喜爱院落式民居的原因，他指出：院落式民居正像中国建筑的屋顶一样，被覆地面，而不像哥特式建筑塔尖那样耸峙云端。这种精神的最大成功之处在于，它为人们尘世生活的和谐幸福提供了一个衡量标准：中国式的屋顶表明，幸福首先应该在家里找到。

　　干栏式民居是一种下部架空的住宅，是楼居式民居的典型代表，它具有通风、防盗、防潮、防兽等特点。这种楼居形式把楼居的空间形态和组合、依山就势的支撑、悬挑和错层，以及木构件的卯榫技术推向了极高的水平。它与具有鲜明个性的民族民俗文化相结合，体现了丰富的物质文明和精神文明。其特点是用竹或木为柱梁搭成小楼，上层住人，下层作牲畜圈或储存杂物。《旧唐书·南平僚传》曰："人并楼居，登梯而上，号为干栏。"传统的典型干栏木楼全部用木，房屋平面呈矩形，屋顶为双坡大悬山式，架空二至三层，家家户户多沿山坡密集聚合。尽管干栏式住宅室内较暗，但出檐深远，遮住阳光的辐射，外廊也对此做了补救。它对于多雨湿润的地面有隔离作用，通风较好，适应当地气候。

　　穴居式民居最典型的代表是窑洞民居。窑洞民居在形式上分为三类：一种是在山坡、土源的沟崖地带挖一口窑，平着伸进去，前面有比较开阔的平川地。从侧面看，这种地形很像靠背椅的形式，这叫靠崖式窑洞。一种是在平地上向下挖，挖成一个凹的大院子，再向这个院子四周挖窑洞，这叫下沉式窑洞。从远处看不到这种窑洞，只有走近才能看到地上一个个的凹坑，向坑里一看，下面是一户户的人家。正因为如此，人们编了四句打油诗形容："进村不见村，树冠露三分，麦垛星罗布，户户窑洞沉。"下沉式窑洞是窑洞中最为奇特的一种。还有一种是在地上用砖砌成一个窑洞式的房子，这是独立式窑洞，是窑洞中最高级的一种，也是建筑造价最高的一种，实际上就是现代建筑中的覆土建筑。独立式窑洞和挖的窑洞室内感觉是一样的，上面是拱券，后墙不开窗，但房前设檐廊，廊和窑洞的门窗是装饰的重点。

地下建筑的优点在于，没有每隔 10 ~ 15 年就要翻新屋面的工作，不必考虑风、冰雹、雨、雪或其他自然因素的侵袭；采暖或制冷比普通房屋要省一半到三分之二的费用；防火性能良好，火灾向邻近房屋蔓延的机会少，抗地震性能强，还能防御放射性物质对人体的侵害，在很冷的天气，也不会有水管冻结或冻裂的问题。另外，它还不受交通噪声和邻居噪声的干扰，给居住者提供了安静、隐私的环境；建筑的寿命长，使用费用低，而且地下建筑的地板能承受更高的荷载；还有一点是地上建筑所形成的"建筑森林"破坏了大自然的面貌，而地下建筑能保持自然的美景。

中国传统民居的风格和实用价值常与当时或当地的自然特点、人文风俗联系起来，并且各地、各时、各族的民居均具有自己的特点，组成了风格明显的体系。另外，通过总体布局的变化、建筑空间的灵活组合、建筑造型的意匠和细部构造等的艺术处理，中国传统民居表现出强烈的民族特点和浓厚的地方特色，显示了丰富多彩的艺术面貌。

（五）中国传统民居按结构形式分类

1.木架庭院式

木架庭院或民居是中国传统住宅的最主要形式，其数量多，分布广，为汉族、满族、白族等民族大部分人及其他少数民族中的一部分人使用。这种住宅以木构架房屋为主，在南北向的主轴线上建正厅或正房，正房前面左右对峙建东西厢房。由这种"一正两厢"组成院子，即通常所说的"四合院""三合院"。长辈住正房，晚辈住厢房，妇女住内院，来客和男佣住外院，这种分配符合中国封建社会家庭生活中要区别尊卑、长幼、内外的礼法要求。这种形式的住宅遍布全国城镇乡村，但因各地区的自然条件和生活方式的不同而各具特点。其中四合院以北京的四合院为代表，形成了独具特色的建筑风格。

2. 四水归堂式

江南地区的住宅名称很多，平面布局同北方的四合院大体一致，只是院子较小，称为"天井"，仅作排水和采光之用。因为屋顶内侧坡的雨水从四面流入天井，寓意水聚天心，称"四水归堂"。这种住宅第一进院的正房常为大厅，院子略开阔，厅多敞口，与天井内外连通。后面几间院的房子多为楼房，天井更深、更小些。屋顶铺小青瓦，室内多以石板铺地，以适合江南温湿的气候。江南水乡住宅往往临水而建，前门通巷，后门临水，每家自有码头，供洗灌、汲水和上下船之用。

3. 一颗印式

一颗印式住宅是云南省具有代表性的传统民居，在湖南等省称为"印子房"。这类住宅的布局原则与上述四合院大致相同，只是房屋转角处互相连接，组成一颗印章状。一颗印式住宅建筑为木构架，土坯墙，多绘有彩画。

4. 大土楼

大土楼是福建西部客家人聚族而居的围成环形的楼房。它一般为三至四层，最高为六层，包含庭院，可住50多户人家。庭院中有厅堂、仓库、畜舍、水井等公用房屋。这种住宅的防卫性很强。客家人为保护自己，创造出这种独特的建筑形式，至今仍在使用，如客家古民居——四角围龙式何子渊故居等。

5. 窑洞式

窑洞式住宅主要分布在河南、山西、陕西、甘肃、青海等黄土层较厚的地区。它利用黄土的特性，水平挖掘出拱形窑洞。这种窑洞节省建筑材料，施工技术简单，冬暖夏凉，经济适用。窑洞一般可分为靠山窑、平地窑、砖窑、石窑和土窑。

6. 干栏式

干栏式住宅主要分布在云南、贵州、广东、广西等地区，为傣族、景颇族、壮族等的住宅形式。其杆栏是用竹、木等构成的。它是单栋独立的楼，底层架空，用来饲养牲畜或存放东西，上层住人。这种建筑隔潮，并能防止虫、蛇、野兽侵扰。

二、中国传统民居的分布

中国地大物博，人口众多。南北纬度跨度大，热带、亚热带、暖温带、中温带和寒温带等温度带沿纬度变化的规律比较明显。东西横跨四个时区，从西至东，地势地貌迥异；山川河流纵横交错，地质地形千差万别；各民族信仰和文化不同，别具一格。中国的地理形势总的来说，是东部濒临太平洋，地势较低，越往西部地势越高。东部平原地区海拔200m以下，西部青藏高原平均海拔4000m以上。境内有平原、高原、草原、丘陵、山地、盆地等各种地形。我国地理位置南北温差很大。南端海南岛年平均气温22℃～27℃，北端黑龙江年平均气温−6℃～4℃。东南沿海地区雨量充沛，平均年降水量在1500mm以上，西北干旱少雨，平均年降水量在50mm以下。如果概括中国的基本地理气候，可形成三条明显的方向线。当然，除了经纬度变化的总趋势以外，还有各种具体的地形变化，如平原、山地、盆地、森林、草原特殊情况。这些特征造就了中国民居住宅的格局、形式、建筑材料等方面的多样性和明显的乡土特色。例如，北方地区民居主要考虑的是抗寒，南方则是抵御湿热。北方民居庭院面积较大，以利于纳阳取暖，南方民居庭院面积较小，以利于遮阳避雨。综合上述因素，并具体考察中国各地传统民居的实际情况，可看出中国不同地区的传统民居建筑虽千变万化、各具特色，但归纳起来大体可分为五个大的类型。这五种类型基本上可按照建筑所用材料划分，一种类型中往往又可按结构、造型划分为若干种式样，其具体情况如下。

（一）砖木结构住宅

砖木结构住宅覆盖面最大、数量最多，是我国传统民居中主要的建筑类型，主要分布在东南、华南、华中、华北、华东及东北部分地区。这些地区主要是平原和丘陵，是我国主要的农耕地带。砖木结构住宅的基本特点是以木构承重，砖墙围护，或以砖墙承重，墙上直接放置檩条，坡屋顶上盖瓦，华中、华北部分地区为平顶，东北部分地区为囤顶（平面微带拱形的顶）。平顶和、囤顶均为木板上覆盖泥土。砖木结构住宅在各地区有各自不同的特点。一般来说，北方地区的住宅建筑比较矮小，室内空间较小，墙体较厚，屋顶也比较厚重。这是为了适应北方地区寒冷的气候条件下保温的需要。南方地区炎热潮湿，首先考虑的是良好的通风，因而其建筑相对比较高大，室内较空旷，墙体较薄，屋顶薄而轻巧。当然，南方有些地方，如广东、福建、台湾沿海地区，为了适应经常性的台风等特殊的气候条件，也把房屋建得比较低矮，屋顶盖得比较厚重。庭院的组合是砖木结构住宅的重要特点之一。然而庭院组合也因受气候条件影响而形成了不同的形式。北方干燥，雨量较少，不需考虑防雨防潮，建筑与建筑之间往往不互相连接，形成较开阔的庭院。而南方多雨潮湿，为防止雨淋，建筑栋栋相连，屋檐互相搭接，形成天井式的小庭院。此外，福建客家人的土楼和江西南部的土围，是为防御外敌而建的一种特殊的住宅形式，它们也是一种特殊的庭院组合方式。

（二）全木结构住宅

全木结构住宅主要分布在我国的江南和华南部分地区。这里多为山地，林木茂盛，河流纵横，地形非常复杂。全木结构住宅的基本特点是木构架、木板墙，用瓦、茅草或树皮盖顶。它轻巧，通风，散热，适合于南方山区闷热、多雨的气候。全木结构住宅的具体形式可分为几种。最常见的是干栏式，又称"吊脚楼"。其基本形式是下层用木柱架空，上层住人，外面悬挑出走廊。这种下层架空的做法有两个明显的优点：一是能在草木茂盛的地方防潮湿、防虫蛇；二是可以不受复杂地形条件的限制，在水边、在山坡上都可以建。西南地区的少数民族，如壮族、侗族、苗族、土家族的住宅几乎全都是这种形式。云南傣族的竹楼也属于干栏式。四川、贵州、湖南部分地区的木构建筑中有一种特殊的做法叫"木骨泥墙"，即用木柱和木材做成框架的形式，中间用竹条编织，再在内外两面抹上泥土做墙壁。这种做法简单方便又节省材料。全木结构的住宅还有一种特殊的形式叫"井干式"，即用一根根原木层层垒叠起来，围成墙壁，再在上面盖上屋顶。这也就是在世界上许多国家都能见到的那种林中小屋的形式。在中国，这种住宅主要是在西南和东北的森林地区。

（三）土结构和土砖木混合结构住宅

土结构和土砖木混合结构住宅主要分布在我国西北和黄土高原地区。这里最主要的气候特点就是干旱少雨，即使住在地下也不需考虑防潮的问题。纯粹的土结构住宅是由原始社会的穴居形式发展而来的。今天，陕西、山西、河南部分地区的窑洞就是这类居住形式的延续。窑洞住宅有两种基本形式：一种叫"靠山窑"，即在陡峭的山岩壁上直接挖洞进去；一种叫"平地窑"，即在平地上向下挖一个大坑，再在四周坑壁上向内挖洞进去，因而又叫"坑院"。这种"坑院"的形式也就意味着人完全是住在地面之下了，这也只有在那种极为干旱少雨的地区才有可能，因为它完全不需要考虑排水的问题。新疆地区，不仅地理上接近中亚，而且人口也大多属于信奉伊斯兰教的民族，生活方式也接近中亚地区的传统。其建筑形式也和中亚地区相近，住宅以土结合少量的砖而构成。其基本形式是用土或部分用砖筑成很厚的墙壁，上置木檩条，盖成平顶，再在其外立木柱架梁，盖出外走廊。这种建筑形式很好地适应了当地的气候条件。西北地区温差较大，有的地方一天之内温差高达20℃。厚墙壁既保温又隔热，起到一种自然空调的作用，就像是地下一样冬暖夏凉。西北地区的住宅过去一般人家是用土筑，只有少数富有的人家才用砖。现在情况已有改变，用砖的多了，但是土仍然有其自然的优势。

（四）混合结构住宅

石、土、木混合结构住宅主要分布在青藏高原，包括西藏、青海以及甘肃、四川的部分地区，这里是我国地势最高的地方。其以藏族民居为主要代表。其建筑形式有点类似于西北民居，也是厚墙壁、平顶，朝院内一侧架出走廊。有所不同的是，藏族民居用石筑墙的较多，因为这里石材较多，当然也有不少是用土建筑的。此外藏民多喜欢盖楼房，有两层、三层，甚至四层的。其外观呈梯形，点缀着小小的窗洞，形似一座坚不可摧的堡垒，也象征着藏族同胞同自然环境作斗争的坚韧性格。青藏高原气候寒冷而又日照强烈，温差变化很大。藏族民居的这种形式能起到一种降低温差变化对室内影响的作用。除藏族民居以外，石头结构的住宅在其他一些地方也有。例如，贵州、云南、湖南等地的一些少数民族的山地住宅，还有福建、浙江、山东一些靠近海边地区的民居等。但这些都是在少数地方的特殊条件下形成的，并不代表一种普遍性的地域特点。

（五）毡包式住宅

毡包式住宅是一种草原地区特有的住宅类型，形式虽特殊，但覆盖面很广。它的分布区域包括我国东北的部分地区、整个内蒙古、甘肃部分地区，一直到新疆北部。在整个中国的北部边境地区形成了一个长达数千千米的条带。这里是中国最主要的牧区，生活在这里的主要是蒙古族，以及藏族、哈萨克族、柯尔克孜族。毡包房一般为圆形，用细木枝条编成网状壁块，上做伞状骨架，覆以皮毡或粗布。顶部中央留出天窗用以采光、通风和排烟。其最大的特点是装拆便利，适宜于游牧民族经常迁徙的生活方式。其保温性能好，圆形造型能抵抗暴风雪，适应北方草原的气候环境。毡包房是蒙古族最主要的住宅形式，到近代时也只有王公贵族才仿照汉族建筑用砖砌筑庭院式住宅。东北部分地区的蒙古族由游牧变为半农半牧的定居，用土筑成圆形住宅，造型仍像毡包房，蒙语称其为"摆行格尔"。

我国传统民居建筑种类和式样之多是世界上少有的，以上所述的几种民居类型只是大体上概括了中国境内不同经纬度地区和不同地理气候条件下最常见的、分布最广的住宅形式，没有包括具体的式样。而且这几种类型的地理分布的划分在很多地方实际上没有严格界线，而是互相交错的。

第三节　中国传统民居的文化元素

各地的自然风光与人文背景迥异，民居建筑样式也因此呈现出多样性。这些建筑不论是在选址、布局还是构成上，乃至其附属设施和装饰元素，无不深刻反映了中国传统的文化意识。"天人合一"的自然观深入人心，它将天地万物视为一个有机统一的整体，并将人置于自然之中，视为其不可或缺的一部分。这种"天人合一"的有机整体观念构成了中国传统民居建筑哲学的基石，并广泛渗透于民居设计的方方面面。受中国传统文化的影响，民居装饰的内容丰富多元。作为最早出现且最为基础的建筑类型，民居建筑不仅见证了中华文明的起源与发展，更以其独特多样的建筑风格在全球建筑史上占一席之地。鉴于各地自然与人文环境的千差万别，民居建筑样式自然也呈现出形态各异的景象。传统民居无论是选址、布局还是构成上的精心设计，抑或是民居所附带的附属设施及装饰元素，无一不是对中国传统文化精神的生动诠释与写照。

一、中国传统民居中的观念

（一）传统民居中的"天人合一"观念

在中国古代，人与自然的和谐统一、共生被概括到"天人合一"中，并为历来的思想家所重视，为众多的建筑工匠所恪守。"天人合一"的自然观把天地万物看作一个有机的整体，把人看作自然的一部分，这种"天人合一"的有机整体观念，是中国传统民居中的最基本的哲学文化内涵，"天人合一"思想渗透在中国传统民居的方方面面、角角落落。

1. 民居中反映出的崇尚自然的观念

民居常建在青山绿水、秀水长流的境地中。唐代孟浩然在《过故人庄》中写道："绿树村边合，青山郭外斜。"中国传统民居在中国传统建筑的影响下，崇尚自然，并结合不同气候、不同民族习惯，因地制宜，就地取材，塑造了丰富多彩的艺术造型及审美情趣。西北高原——依山傍水，错落有致；中原平地——狭巷夹天，庭院深深；江南水乡——小桥流水，粉墙黛瓦……无论是北方民居的深沉厚重，还是南方民居的洒脱秀丽，都富于诗的韵律和画的意境。传统民居风格各异，却无处不体现了崇尚自然、利用自然、借鉴和发挥自然。

2. 院落布局反映的"天人合一"观

院落是居住的生活中心，居民将内院看作人与大地、人与自然协同共生的最佳场所，并在院落内引入大自然的风光。大户人家高墙深院，叠石理水，植树栽花，曲径通幽地把院落扩大为私家园林；而小户人家即使院落面积很小，也要种植几株翠竹、几棵芭蕉或架满苍藤，充分体现出人与自然的交融。例如，山西民居中的王家大院，花园中有一座小阁楼，人站在阁内，就可以通过小小的窗轩"近取其质，远取其势"，组成有空间层次的景观，近可以观瞻月亭，远则赏文笔宝塔。花园的瞻月亭和东大门的望绵阁可以游目骋怀，极视听之美，东可望绵山日出，西可观苏溪月夜，是"指点江山"的赏景最佳位置，可以与天地共吐纳，达到"天人合一"的至善境界，山水日月，"玩之几席之上，举目而足"，成为传统的庭院风景线。

（二）民居中传统的伦理观念

住宅建造是"家"之所在，在特别重视血缘与亲情的中国，"家"是一个特别富于感情色彩的地方。所以，人们对民居有一定的精神性要求，尊卑之理、长幼之序、男女之别、内外之分等宗法伦理思想都能在传统民居中找到影子。

1. 宗法伦理观念及向心性

数千年来，中国所特有的强烈家庭向心性一直影响着中国传统民居的形态，而传统的民居形态又强化了宗法伦理思想。例如，客家土楼结构的"心脏"——祖宗祠堂，就是古代向心性的象征。祖宗祠堂是族长聚集各户家长议事的地方，逢年过节，合族的每家都挑着各种供品，到这里祭祀祖先；男儿娶亲，须在这里拜天地，叩祖先，宴宾客；女儿出嫁，向列祖辞行后，方可罩上盖头，踏着象征团圆的大圆匾出阁；老人谢世，祠堂成了举哀发丧的灵堂。就这样，一座祠堂将合族融洽地凝聚在一起，共享天伦之乐。

2. 家庭观念及封建等级制度

自古以来，人们的家庭观念很强，父母、兄弟、婆媳等多住于同一家居中，一直延续着几世同堂的大家庭制度，而这个大家庭中以礼制为前提，即集体的秩序化。其中的个体，都必须严格遵守封建社会的等级规范约束，即对宗族、父母、族上的绝对崇敬和服从。"左尊于右，南尊于北"，这是血缘的坐标，这种以血缘派生出来的空间关系，数千年来直接影响着中国传统民居的形态。例如，在居室的分配上深受传统文化的影响，自古面南为尊，东西次之，西北低卑，因此在民居分配上，祖宗多居北房，也称上房，晚辈则住两侧的偏房，正房以北有时辟有小院，布置厨居、厕所、储藏间、仆役住宅等，称"后罩房"。这种内外有别，长幼、尊卑有序，等级分明的居住方式，充分体现了中国的传统伦理观念。

在古代，住宅形式也因社会等级不同而不同。社会地位较高的家庭，他们的住宅可以有较高的建筑规制、较大的规模和较考究的做法；较低等级的人家，只能住小而简陋的房子。例如，洪武二十六年（1393年）规定，一品、二品，厅堂五间九架，屋脊许用瓦兽，梁、栋、斗拱、檐桷用青碧绘饰，门屋三间五架，门用绿油及兽面摆锡环。三品至五品，厅堂五间七架，屋脊用瓦兽，梁、栋、檐桷用青碧绘饰，正门三间三架，门用黑油摆锡环。六品至九品，厅堂三间七架，梁、栋用土黄刷饰，正门一间三架，黑门铁环，体现出严格的封建等级制度。

（三）民居中体现"风水"观念

民居中的"风水"观念多用象征性的图案进行寓意和暗示，祈求引福纳祥。漫长的封建时代积累流传下来的"风水"观念，在民居建设的选址、格局、坐向、规制及建筑小品等诸多方面表露无遗。中国传统文化认为，万事万物的荣辱兴衰都是相互联系的，由此发展而来的易象风水学、易象预测学、易象命名学等就成为古人改善和创造命运的法宝。他们认为："人秉承天地之气以为生，故人拟一小天地，阴阳五行，四时八节，一身之中皆能运用。""夫宅者，乃是阴阳之枢纽，人伦之轨模，……人因宅而立，宅因人得存，人宅相扶，感通天地。"传统文化中把"趋吉避凶"看作人的行为应当遵守的一项基本原则。"吉凶"者，利谓之谓也。中国文化把有利于人生存发展和身心健康看作"吉"，把有害于人的生存发展和身心健康看作"凶"，从而要求人们在创造有利条件、争取良好效果的同时，把不利的条件与有害的效果降到最低限度，中国传统民居也同样遵循这一原则。此外，传统民居还遵循一定的阴阳法则。民居除了在住宅的选址与规划、空间的分割与设计、材料的选取与建造等经验技术和自然环境方面采取一系列具体的措施之外，还在文化环境和文化心理方面进行多方面的调节。这种调节的基本原则就是根据"五行"，即"水、火、木、金、土"之间生克关系，以其相生为吉，以相克为凶；以外生内、内克外为吉宅，以外克内、内生外为凶宅。例如，北京的传统住宅四合院，非常讲究"阴阳五行"。四合院一般坐北朝南，院门都开在东南角，而不开在正中，这样设计据说是八卦方位，即所谓的"坎宅巽门"。"坎"为正门，在五行中主水，房子建在水位上，可以避开火灾，"巽"在东南，在五行中为风，进出顺利，门开在这里图个吉利。

（四）建筑附属物及装饰物中的文化意识

建筑是时空的艺术，在建筑语言中装饰至关重要，"建筑必有图，有图必有意，有意必吉祥"，因此可以说没有装饰，就没有建筑。基于中国传统文化的影响，传统民居装饰中的内容大致分为三种：其一是对劳动的歌颂；其二为对幸福、理想的追求与对吉祥生活的渴望；其三为淳厚的风俗故事。它们都反映着中国劳动人民的传统文化思想。以王家大院为例，位于山西灵石县静升村腹部的王家大院被誉为"华夏民居第一宅"。不仅因为它规模宏大，气势壮观，装饰精微，构思巧妙，更在于它散发出的那种中华传统文化特有的精神、气质、神韵。寓意富贵、吉祥的装饰图案花样层出不穷。王家大院整体建筑由高家崖、红门堡两组建筑组成，皆为黄土坡上的城堡式建筑。红门堡的平面布局为"王"字造型。这种以汉字装点建筑的手法，目的除了强化建筑艺术的表现力外，还有一种引福至祥，希望后代秉承祖意加官晋爵的寓意和暗示。王家大院的装饰艺术集中体现在砖雕、木雕、石雕，即所谓的"三雕"上，分别装饰着斗拱、雀替、挂落、照壁、帘架、柱基石、门枕石等多个方面，刀法娴熟，技艺精湛，体裁多样，内容丰富。进入王家大院，精美绝伦的"三雕"精品随处可见，抬头木雕在目，低头石雕在前，转眼砖雕随之，可谓"片瓦有致，寸石生情"。中国传统民居中，多数地方的每个房间或多或少的都要做些装饰，即是贫困人家也把一些吉祥图案做成贴纸等贴在窗上，以表达对生活的热爱和对幸福的向往。

由此可见，建筑是人们的一种文化形态和存在方式，人们的文化观、艺术观、审美观都深刻影响建筑的立意、构思和设计。可以说，我国传统民居在建筑布局形式和规模等级上，都受中国封建宗法观念的影响。中华民族传统文化造就了中国古民居的形制风格，中国古民居建筑又彰显了中华优秀传统文化，成为中华优秀传统文化凝固的形态和表征。

二、中国传统民居的形式

中国传统民居是中国古代文明的标志和象征。中国传统民居无论在结构上还是在形式风格上，始终保持着一贯完整的独特建筑风格和鲜明特征，在世界建筑体系中独树一帜。这与中华传统文化及价值取向、审美情趣有着深厚的渊源。中国传统民居有着清晰的流线、规整的格局、一目了然的主体房屋，以及组合式和渐进式的布局特点，讲究形式的完整性与内容的整体性。具有悠久历史的中国传统民居蕴含博大精深的文化内涵。各地民居主要的差异在于地理气候条件、环境、材料、构造技术和构建方法的不同，以及经济条件和一些因素的差别对民居形成的影响等。此外，在中国传统民居中还可以看到民族的多样性特征，如蒙古族的蒙古包，满、汉族的四合院，苗族、壮族、布依族、侗族的干栏式房屋、吊脚楼，陕西窑洞以及福建、广西、广东的传统客家民居，这些民居都强烈地体现出各民族的宗法信仰、传统风格和风俗习惯。综观中国传统民居，可从其构造细微之处了解很多价值观念，如外观的墙、顶、天井、院子等呈现出视觉上素雅的色调，以及心理上的通透与情感上的映射。

（一）墙体形式

中国传统民居最突出的就是外部——墙体的形式。中国传统民居中，各种高低长短、前后相衬、虚实不一的墙体经过形式多样的组合后，形成传统"礼制"的形式。这些传统民居建筑在外观形式上一般说来是外简内繁、外实内虚的。其中，极具防御性功能的高而实的外墙体，对于现代民居建筑并不完全适用，但其对民居建筑的私密性却具有不容忽视的保障作用。

（二）格局空间形式

在中国传统民居中，天井是内部敞开的空间，供四面房屋的采光和通风用，也是家人活动的核心。天井内一般有地面铺装及排水渠道。每幢房屋前皆有宽大的前廊或屋檐，以便雨天时居住者行走，在湿热的夏季也可以产生阴凉的对流风，以改善小气候。这种院落格局是一种"内向"型的格局，着力体现了中国风水学上一直强调的"藏风"和"聚气"的理念。"街—巷—大院—内院"的空间格局和层次上的过渡，彰显了私密性和领域性，同时为乡邻间提供了宽敞的交流场所。

（三）色调色彩形式

中国传统民居在外观色调上一直比较"素"，没有过多的华丽颜色，以黑、白、灰系列为主调。北方民居多呈灰色，而南方民居则以黑、白为主，即黑瓦白墙。这些传统民居的整体色调雅素明净，与周围的自然环境相得益彰，共同营造出古朴、典雅、朴素、简洁的外观效果。

（四）通风与采光形式

在岭南地区，由于气候炎热，通风成了传统民居设计的重要考量。这里的居民巧妙地利用了各种建筑元素，如小院、挑檐、廊架、花窗、高墙、隙缝和孔洞，营造出一种"冷"的氛围，以引进微风，为居住者带来一片阴凉。这些细节不仅极大地提升了民居住宅的舒适度，还显著降低了生活能耗，实现了节能与舒适的完美结合。这种对细节的关注和对人居环境的深刻理解，使得中国传统民居在通风与舒适性方面都展现出了独特的智慧。

（五）情感形式

中国传统民居装饰常用谐音、隐喻和象征手法，例如，蝙蝠、鹿、鱼等图案寓意福气、幸福、福禄双全、年年有余，体现了中国传统求福、求禄、求功名的观念。传统民居在窗户和门栏上多用梅兰竹菊、"岁寒三友"（松、竹、梅）和"暗八仙"（葫芦、扇子、宝剑、荷花、花篮、渔鼓、洞箫、玉板）等装饰图案。这是一种隐喻：梅菊耐寒；竹子有节，表示"气节"；"暗八仙"则表示行行出状元。此外，中国传统民居构件中还用"石榴"喻示"多子多孙"，用松柏、仙鹤象征延年益寿。这些比较内敛含蓄的手法被运用在中国传统民居住宅上，不仅符合古人的审美习惯，而且能给观赏者提供想象空间。这也正是中国悠久民俗文化和中国传统文化的价值取向的体现，它象征着中国人谦虚善良、崇尚完美、追求和谐的美德。这些民居的建造理念体现了人性化的精神和人文化的品位。由此可见，呼吁人们重视中国传统民居作为文化资源的价值显得越来越重要了。传统民居的存续可能是短暂的，但文化的传承却是久远的。

中国传统民居彰显精神文化，需继承发展，注入生机，成为安全舒适、适应环境、低碳环保的世界级居住空间。文化需开放传承，民居住宅需借鉴传统与风俗。我们要从老祖宗留下来的弥足珍贵的传统民居中不断发掘其价值、意义，并且把传统中的精华部分作为今天设计的源泉，在继承中了解传统、研究传统、发展传统。只有这样，才能使传统住宅空间得到根本的改善，才能使历史的文脉得以传承发展。中国传统民居是中国古代文明的标志与象征，蕴含了中国古代博大精深的文化内涵，而这些却是现代设计所忽略的部分。传统民居的构造与文化内涵应当被解读、传承与再创造。

三、中国传统民居的核心价值

传统民居的建筑形态变化多端，各具特色，其价值体现在多个层面。中国传统民居的核心价值尤为突出，主要展现在以下几个关键方面。

（一）历史价值

民居作为人类的栖居之所，不仅承载着日常生活的点滴，更是直接映射出各个历史阶段人类的生活状态，包括衣着、饮食、居住和出行等方面，同时深刻揭示了当时社会的风貌与特点。对人类居住状况的探究构成了历史研究的基石。通过深入剖析不同时期民居及其聚落的纵向和横向演变，我们能够窥见一个民族的发展轨迹与迁徙历程。由此可见，传统民居无疑是人类历史最为直观的体现，蕴含着无可估量的历史价值。

（二）文化价值

传统民居是广大的最基层百姓生活起居、栖息的场所。它与人文、民俗等密切不可分，承载了人们的日常生活，记录着人们的文化活动，反映出文化氛围，包容着文化内涵，具有很深厚的文化价值。传统民居的文化价值主要表现在表层的文化显示和深层的文化内涵两方面。表层的文化显示主要有建筑装饰以及宗法文化、民俗文化等，这些都是显露在外的、容易看得见的。然而民居的文化价值更主要表现在其深层的文化内涵。中国传统的合院式民居室内外融汇渗透的空间处理，体现了一种"天人合一"的思想；民居院落反映尊卑观念的空间序列，以不变应万变的合院组合方式，蕴藏着丰富、充实之美的重门叠院等，表现出道德的整体观念；中国传统建筑在规则与自由、实与虚、凹与凸、曲与直、限定与余地、天宫与人界等方面反映出阴阳相济及包容思想。这些都是深层次的文化内涵所在。

（三）建筑创作价值

这里提及的建筑创作价值，并非局限于民居建筑的直接使用价值，而是广义上的，涵盖了传统民居建筑的构造技巧和设计理念的再利用。无可争议的是，随着时代的进步和人们生活水平的提高，传统的生活方式已无法满足现代日常需求，多数传统民居终将面临被新型居住形式取代的命运。然而，传统民居的建筑创作手法和设计思想才是其建筑价值的真正核心，它们能够跨越时代的变迁并融入新的建筑形式之中，这也是我们需要深入学习、继承和发扬的。

四、中国传统民居的核心价值体现

中国传统民居的核心价值体现表现在三个方面，每一种价值都具有不同的应用和继承方法。

（一）历史价值体现

历史价值仅限于纪念，无法在新建筑中得以引用，因而也无法继承。传统民居客观地记录了它所属时代的社会、经济、政治、文化等情况，是过去时代的有形产物，为人们提供了研究与纪念那个时代的宝贵资源，这些都是其历史价值的具体体现。人们可以仿建少数重要的传统民居，以供后人铭记与研究。然而，随着时代的演进和生活方式的转变，建筑也需与时俱进。传统民居被时代淘汰是无法避免的。因此，传统民居的历史价值仅限于纪念，无法应用于新建筑中，也就无法真正继承。

（二）文化价值体现

建筑文化因地域的不同有很大差别，各民族、各地区的传统民居都有自己的内在气质，应结合地域文化来研究当地的建筑文化内涵。然而随着时代的变化，文化现象也在改变，必然会使某些不符合时代特征的文化现象逐渐消失或者更换内容进行改造。大家应辩证地看待传统民居的文化价值，在对其进行有选择性的再创造时，不照搬传统建筑模式，而是创造符合传统的新模式；不直接照抄传统符号，而是从传统中提取、创造新元素；不是复制与模仿传统建筑，而是创造具有传统特色的新建筑。这些都是当代许多建筑师应努力的方向。

（三）建筑创作价值体现

建筑创作能够直接继承传统民居的丰富形制，展现出多元化的建筑艺术风格。然而，传统民居的价值远不止于艺术性，它们更是蕴含了精彩的建筑创作手法与思想。这些宝贵的经验经过长时间的积累，已经成为顺应自然、改造自然的智慧结晶。其适应环境的建筑形态，不仅与自然和谐共生，更体现了人类智慧的伟大。唯有深刻领悟传统民居所蕴含的丰富价值，并探究这些价值在当代建筑中应用的可行性及继承的可能性，方能成功塑造出独具中国特色的建筑文化，推动建筑的个性化发展，以及营造出当代城市的地域特色。

第四节　中国传统民居的设计

中国的传统民居种类繁多，历史悠久，每一座民居都承载着深厚的文化底蕴和研究价值。尽管这些民居在时间、空间和地域的维度上被赋予了不同的形式，但它们都蕴含着一种独特的设计理念，这种理念将日常生活的点滴融入其中。这些民居不仅展现了中国人民对诗、书、礼、乐等传统思想的深厚底蕴，更将建筑的美观性和实用性巧妙地结合在一起。它们的设计无不体现出一种"天人合一"的思想，将人与自然和谐地融为一体，创造出一种完美而优秀的居住环境。

传统民居被定义为非正式的、属于民间的建筑，这种建筑不同于现代化的商业住宅建筑，因为前者不是一个特定的建筑师的，而是劳动人民集体智慧的结晶。因为自古以来在建筑民居时很容易受到风水学的影响，所以在进行民居设计时他们一直都不能忘记要做到人与建筑和谐的统一。他们通过目测身边的环境以及周边可以利用的建筑材料就地取材，在实际的建造工程中，通过灵活的变通和勤加思考，设计出独特的传统民居建筑。由此可以发现，传统民居建筑根据地域的不同而形成了外形上的巨大差异，即便是相邻地域的两座民居也是很难见到非常类似的，因为传统民居是一个跟所属地方的经济、文化和思想紧密结合的产品。

一、中国传统民居设计成就

（一）适应性很强的庭院构成

北方合院式及南方的厅井式传统民居，皆以庭院为核心来布局房屋，形成独特的建筑风格，其使用范围极广，堪称中国传统民居的主流。实际上，黄土高原的窑洞民居在空间布局上与北方合院的原则一脉相承。而东南客家土楼则可视为庭院发展的一种特殊形式，更显向心、内聚的大型庭院之特色。

中国传统民居特点为庭院布置与西洋建筑相比，表现出内向、封闭的特征。庭院形态灵活变通，适应各种功能、建造和审美要求，如华北防寒、江南通风、华南遮阳。民居通过调整细节，具有极强的适应性和多样性。

（二）系列化的平面设计

各地传统民居都有各自的典型形式，例如，北京四合院、潮汕天井院、闽粤堂横式住宅，都有基本的平面单元，进而组成系列化的设计，以适应不同环境和房主的要求。北京四合院可以从三合院、四合院、两进院、多进院、带跨院演化出开设多路侧轴线的大型四合院。潮汕民居以基本的三合院和四合院反复组合，演化出三落四从厝、八厅相向等平面组合，进而发展成行列式的平面。浙江的几间几厢房式、闽粤的几堂几横式也都是一系列从简到繁的标准住宅形式。这种系列性设计可以保证群体协调设计和施工的简便、单元统一、组织灵活多样，适应性非常强，相当于古代的标准化设计。它在传统的建造活动中具有非常显著的效果。

（三）传统民居使用了灵活而随机的房屋构架

在北方以抬梁式为主，构架材料厚重，可以获得较大的室内空间。南方以穿斗式为主，虽然空间跨度有限，但构架轻巧，可以用长短柱灵活调整高差，还可以增加出挑、披檐等灵活的形式。不论哪种构架，都具有木构架灵活的优点，比西方砖石结构更灵活自由，便于施工，实现内外空间的交流。民居构架属于轻荷载、小跨距、无斗栱的小式构架，它不受固定程式的约束，比起高大的宫殿、庙宇等大式木构架具有更强的应变能力，产生了很多地方营造法。屋顶可高可低、可直可曲、可长可短，还可加减披檐，还可以层层叠落等，比官式建筑更加灵活丰富。

（四）传统民居非常重视室外空间的塑造

民居把室外空间当作与自然交流的媒介很好地利用起来，尤其是对于庭院和天井，对其形态、收放、花木、墙体还有小品、铺地等都精心的设计和搭配，形成了独立的艺术性格，如北京四合院的舒展朴实、苏州天井院的秀雅幽深、云南一颗印的小巧紧凑及闽粤天井的华丽动感。室外庭院的艺术风韵为传统民居增加了美感的享受。再如室内外空间的过渡，北方民居内外空间区分严格，各自比较独立，具有独立舒朗的空间感；而南方民居内外空间有很多的渗透交融，具有模糊不定的幽深含蓄的空间感，取得了完整而有个性的空间层次和景观。在空间利用上，黄土高原的窑洞建筑充分利用黄土地，用减法创造出居住空间。浙江山区则利用分层筑台来争取建房的用地，浙东民居利用山间空间及外檐进退赢得了更多的有效利用空间。西南山区更是通过出挑，还有吊脚等方式争取用地，扩大了建筑空间。各地民居密切结合地形、气候、地理环境和生活需要，创造出了很多有效的空间利用方法。

（五）传统民居广泛开发建筑材料

各地民居还广泛开发地方性建筑材料，如西北地区用的土墙和土坯拱、贵州的片石墙、澎湖列岛的礁石墙，还有厦门民居的胭脂红砖、广东南雄的卵石墙以及泉州的牡蛎壳墙。西南民居广泛使用竹材做屋架、墙体，还有竹编抹泥墙等。民居建筑的用材一般都偏重于量大、易取的自然材料，不仅经济实用，而且地方材料的使用让传统民居有地方特色。

（六）传统民居具有多种成熟而完整的设计艺术风格

在多种外在条件的影响下，以及建筑内在机制的应对和长期的民间选择和积累下，中国各地的传统民居建筑创造了多种成熟而完整的艺术风格。例如，北京四合院组群格局方整严谨，庭院舒朗朴实，建筑独立、凝重、简练；苏州民居的组群格局非常紧凑，天井高耸狭小，空间幽雅丰富，造型秀丽小巧；闽粤天井院组群布局更加紧密，天井更加狭小，宅内空间更加通透开敞，建筑的装饰性也更浓；客家土楼则是外闭内敞，内聚外防，外观坚实雄伟，类似一座座堡垒；而黄土高原的窑洞民居与黄土地融为一体，具有粗犷、淳朴的艺术风格。

可以说，中国传统民居建筑是历史积淀与民间智慧的瑰宝。尽管其建造技术和使用功能随着时间的推移已发生变化，不再完全适用于现代建筑，但其设计方法和创作原则却结合了各地的不同需求，为当今乃至未来的民居建筑实践和设计提供了宝贵的启示和参考。

二、中国传统民居建筑中的人性化设计

（一）宅前台阶

在各类活动场所中，最引人入胜之处莫过于那些既能让人居高临

下，又能让人轻松活动的地方。无论是在哪个适合漫步的公共场所，从阶梯向下延伸或是在高低错落的空间边缘巧妙地设置几个踏步，使得高处与低处之间能够轻松过渡，人们便能迅速聚集起来，坐在此处观赏街景。传统民居前的台阶不仅起到了提示空间转换的作用，更为走出屋内的人提供了一个纵览屋外世界的绝佳平台。在阳光明媚的日子里，老人和孩子可以在此处享受温暖的阳光；而在夏夜，这里又成了纳凉休息的绝佳之地。此外，它还为邻里间的交流提供了一个理想的场所。

（二）穿越空间

房间之间的流通同房间本身一样重要，如何安排这种流通，对在房间内进行活动产生的影响同房间内部布局产生的影响一样大。传统民居常见将厅用屏风分隔成两部分：前厅和后厅。前厅多用于接待客人，后厅是女性或不方便在场的人回避的场所。它既保证空间的流通方便，又体现中国人性格的内敛。也有的用罩来隔断空间，古朴的透雕既可保证光线的穿过，同时在室内投下或明或暗的影，使得室内空间丰富而又有层次感。穿过式的套间是用门来作为房屋之间的联系，环境套间可把许多房间连接在一起，形成一个穿过房间的环，另一种是与房间平行的像链子一样的套间。

在四川的大型传统民居建筑中，巧妙地减少了过道的设计，取而代之的是公共性的套间，它们巧妙地将众多房间串联起来，形成了环绕与链条般的布局。这些套间围绕着中央的内天井房间，使得每一个房间都自然地面向公共套间敞开。房间之间，无论经过哪个套间环或链，都能沐浴在明亮的光线之中，同时还能欣赏到天井庭院中的景致。对于大套间的住宅设计，建筑师匠心独运，摒弃了内部走廊和过道这种传统布局方法，而是巧妙地利用公共活动的房间和一般房间，将其作为人们活动的通道。这样的设计使得房间更多地呈现出环形的布局，便于居民在房间内部自由穿行。为了实现这一目标，所有房间均开向公共间。这种巧妙的手法极大地拓宽了建筑的内部流线，赋予了空间更为开阔与通透的视觉效果。

（三）室外楼梯

传统民居中常见由楼上直通街道或带有墙和顶的半室外楼梯，在南方潮湿、闷热地区尤为常见，其深深的出檐为室外楼梯提供了遮蔽。根据气候条件，室外楼梯可分为有楼盖和无楼盖两种形式。它位于街道的公共地段与私人宅院之间，是两者共有的空间。这种设计不仅体现了中国传统民居的智慧，也展现了人类对和谐共生的不懈追求。

中国传统民居承载着丰富的艺术设计理念和深厚的文化意蕴，是中国古典建筑中具有代表性的作品。它们不仅融入了各地的文化思想，更顺应了整个社会和时代的发展，体现了人类持久发展的精神。

第五节　中国传统民居的装饰艺术

民居的装饰艺术无疑是对建筑本身的一种升华与美化手段，它不仅是对建筑及其构件的精细艺术加工，更是一种文化的承载与传递。这些装饰并非仅仅追求视觉的美感，更蕴含了深厚的民族、地域信仰、伦理、习俗以及情态、意象等文化内涵。它们巧妙地融入建筑之中，成为建筑的灵魂所在。在中国传统民居中，建筑装饰与民族文化、民俗文化及民间艺术紧密相连，形成了一种独特的民族风格和地域特色。这些装饰不仅反映了当时的社会历史环境，更体现了人们的精神追求与美好愿景。通过对民居建筑装饰的深入研究，我们可以窥见其中所蕴含的丰富中国传统文化内涵。这些装饰如同一块块文化的碎片，拼接起来便是一幅绚丽多彩的传统文化画卷。

一、中国传统民居装饰艺术的文化内涵

民居可以说是社会的综合文化现象，而建筑装饰可以说是文化的一种外在表现形式。建筑装饰就如同社会文化的一个载体，向人们传递着特定历史人文背景下的文化信息。

（一）传统文化的表达——哲学观念的承载

中国古代的哲学观念结构是内向性的，这种观念结构深入空间观、时间观、自然观等各个方面。可以从古籍中找到这种观念，《庄子·齐物论》中说："六合之外，圣人存而不论。"所谓"六合"，就是指一个六面体空间的前后、左右、上下，人在其中。"合"，就是从外向内合，有"内向"的意思，根据人体本身的特征，人所存在的空间是一个立方体空间，这是中国的"人本主义"。

1. 内向性的哲学观念体现在居住的空间模式上

中国传统民居大都以院落为其空间构成元素，这种院落形态是围合式的，人居住其中，与外界相对隔离。而建筑装饰的重点施于院落内重要建筑部位，体现了对内向空间的重视与特殊情感，这是内向性哲学观念的一种表现方式。

2. 内向性的哲学观念体现在"五行"观念中

"五行"在古代是一个重要的法则，与人所处的空间形态特征有关，即东、西、南、北、中，以人为中央，有四个方向，四种神明，同时它也代表着物质：东为木，西为金，南为火，北为水，中间人为土。这五种物质与建筑关系密切，就建筑色彩来看，它与建筑装饰很有关系。例如，民间的房子屋顶要用黑瓦，其本源不是美观，而是出于"五行"，五行中金、木、水、火、土都有相对应的颜色，因为黑对应水，水能克

火，有安全性，这种黑瓦的做法即是象征性的寄托。

3. 内向性的中国"人本主义"体现于古代中国人的自然观

"六合"的概念就是一个和谐统一的空间概念，因此古代中国人着重于人、建筑、自然的和谐关系。这种思想在建筑中表述得最为典型的就要数园林建筑了，而在园林建筑的装饰中，无论是装饰的形式还是题材等，都与园林景观及园林意境相切合，共同形成了宁静、平和而内向的氛围。可见，民居的建筑装饰也深受古代内向性哲学观念的引导，与建筑布局及景观设置结合，共同营造出中国传统民居的内向性空间气质。

（二）传统文化的表达——宗法伦理的传递

中国传统民居的建筑装饰设计来源于中国传统文化出发。中国传统文化的基本精神，是从社会伦理出发建构文化的。在中国古代文化中，社会的伦理纲常是人的精神主导，如"忠孝节义"之类的思想观念。这些观念都反映到传统民居建筑及其装饰上面了。

1. 在民居装饰中体现了封建等级制度

在封建社会，等级制度是非常严明的，这在建筑装饰中可以得到印证，例如，一般的低品官邸和民宅不许绘圣帝后像，只有皇帝和高品阶的官僚以及寺庙建筑中才可以；屋顶上的装饰中，脊兽的数量也有规定，太和殿屋顶上的最多，每排十个，乾清宫上的每排九个，坤宁宫上的为七个，东西六宫的均为五个，而平民百姓住宅的屋顶装饰中，是不能用脊兽的，但可以放一尊"瓦将军"（用砖雕，武士打扮），置于灶间的屋顶上，那是作"镇风"用的。

2. 在民居装饰中体现了宗族观念

祠堂可以说是一个宗族的象征，旧时又称为"祠庙"或"家庙"。

它是一个宗族的精神核心，地位十分重要，一般占据着宗族聚居区显要的位置，宗族人员在这里供奉、祭祀祖先以及处理宗族事物等，所以祠堂的建筑装饰一般都较普通民居隆重，也有的等级较高。强化宗族的认同感和凝聚力，历来是宗族文化建设中的重点工程。例如，在徽州的每一个村落都可以看见一座座巍峨高大的祠堂，祠堂内通常挂有许多记录功名成就的匾额，以及对联等表达宗族文化的装饰；客家人除在祠堂大门或厅堂上高悬"进士及第"之类的匾额外，还在祠堂或围屋前竖立石旗杆，以示荣耀和激励后人读书仕进。这些都是装饰中宗族观念的反映。

3. 在民居装饰中体现了伦理道德

在中国古代社会，伦理道德始终在社会意识形态中占据着中心地位。儒家肯定并且执着于这一点，其成为讲究道德、追求德政的代表，如孔子说："道之以政，齐之以刑，民免而无耻。道之以德，齐之以礼，有耻且格。"长期以来儒家思想对于社会上层建筑的统治，使伦理道德观念深入社会、人心。诸如"三纲五常""忠孝节义"等道德规范约束着人们的观念与行为举止，同时也很自然作用于建筑上，在传统民居中更是有极广泛的反映。就装饰而言，诸如"文王访贤""桃园结义""二十四孝"等作为装饰题材被运用于雕刻与绘画之中。通过这一类的装饰题材的应用，达到伦理道德的教化意义。

（三）传统文化的表达——宗法思想的融合

中国古代建筑与古代宗法观也有着密切的关系。中国古代以道法与佛法为两大派。除了兴建大量道观与佛寺等建筑以外，宗法观念在传播过程中也与民俗文化相结合，融入民居之中。

1. 在民居装饰中体现了道法思想

道法应用得最多的要数客家的八卦土楼。客家人源自中原汉族，继承着中国的传统文化。在客家土楼建造中，处处体现着道家八卦的哲学因子。除了建筑选址、建造以八卦精义为指南以外，其建筑装饰中也蕴含着许多八卦信息，例如，每家的家门都有门帽和堂号，门框悬帖各种八卦平安符，楼上楼下除精美花窗外，还有特殊的八卦意义的门窗彩画，洋溢着一派典型的中国传统道家哲学心理的文化气息。例如，在江西龙南境内的一座方形客家围屋中，在大门框上有八卦中乾坤两卦的圆柱形石雕，厅内大木柱下的石墩也都雕刻着与八卦相关的图案和文字。

2. 在民居装饰中体现了佛法因素

随着佛法的传入，在装饰上，一些过去没有的题材与形象也随之传入，如狮子、葡萄、石榴、卷草、火焰。莲花虽早就有过，这时也因为其所具有的佛法象征意义而得到广泛采用，深入各地传统民居建筑装饰中。例如，在湘西凤凰城，卷草纹在建筑脊饰中有大量运用，卷草纹一般也称为"忍冬纹"或"忍冬卷草纹"。忍冬卷草纹在佛法中寓意坚韧不拔，它吸收了中国传统的云头纹、云藻纹的流动、卷曲、延续不断的基本形式，创造出各式各样新的装饰纹样，如以葡萄为主的葡萄卷草纹、以石榴为主的石榴卷草纹，是佛法装饰与中国本土文化的融合。又如在西藏地区，受藏传佛法的影响，传统民居极富佛法意义，其建筑装饰更是最醒目的标识。外墙门窗上挑出的小檐下悬有红、蓝、白三色条形布幔，周围窗套为黑色，屋顶女儿墙的线脚及其转角部位则是红、白、蓝、黄、绿五色布条形成的"幢"。在藏族的佛法色彩观中，此五色分别寓意火、云、天、土、水，表达着吉祥的愿望。

（四）传统文化的表达——民族心理的体现

中国是一个以汉族为主体的多民族国家。在漫长的历史发展过程中，各少数民族深受汉民族的影响，民族之间思想交流融合，形成以汉族为首的中华民族血脉，形成了独具特色的中华文化。虽然各少数民族有着自己的个体差异，但是有着许多共通的民族心理。这些民族、民俗的东西也毫无例外地融入了各地民居建筑与装饰之中。

1. 在民居装饰中体现了功利心理

在中国，人们普遍采用文化的、精神的审美方式来满足他们强烈的功利需求，最终达到还原生命存在所具备的安全、幸福、自由、和谐的精神实质。这点大量表现于传统民居建筑的吉祥装饰中，其形式受制于民众"攘灾""纳吉"与"延寿"等的功利心理。例如，在建筑装饰中经常出现的鹤、蝙蝠、喜鹊、梅花鹿等图案，都有其象征意义：鹤在古代被认为是一种仙禽，象征着长寿；蝙蝠的"蝠"因为音同"福"，象征着福运；喜鹊则是中国人很喜爱的鸟类，被认为能带来喜讯……又如在屋脊上的鸱尾是一个龙吻鱼尾形的构件。传说鸱尾是天上一颗鱼尾星，不怕雷击，人们把它置于建筑物上，取其避雷电的意思。

2. 在民居装饰中体现了民俗心理

在民居建筑装饰中反映出来的民俗文化可谓多而广，前面所提到的对于功利的追求也可以说是其中的一个方面，其他还有很多民俗思想的内容。例如，"渔、耕、读"是封建社会自然经济条件下的一种理想生活模式，在民居中经常可以见到这种题材的装饰，其形象通过人持渔网、挑柴火、扶耕犁和手持书卷来表现；又如常用"梅、兰、竹、菊"的植物图案来表现高洁的品格；等等。

二、中国传统民居装饰艺术的文化表达方式

文化的表达有很多形式。在传统民居的建筑装饰中，透露着丰富的文化信息，这些装饰对于文化的传达有自己的方式。

（一）文字直述

在传统民居建筑装饰中有直接运用文字来表达思想感情的：一种方式是在门窗、挂落等上面直接以雕镂形式将文字放置上去，这一类常用的文字有"寿"字、"卐"字等。"卐"字本为梵文，不是普通文字，是如来佛胸前的符号，表示"吉祥幸福"的意思。这种文字表达的例子是在浙江南浔军医院的挂落中，就雕刻有"延年益寿"的文字。另一种方式是于匾额和楹联以及照壁等上书写文字，这也可说是属于装饰的范畴。

（二）实物再现

在民居建筑装饰中，有直接将生活中的动物植物及器物等实物运用在民居建筑装饰中，通过这些实物的象征意义和引申含义来表达情感。例如，动物中的狮、鹿、鹤、喜鹊就常被用作装饰题材，表达出多种主题，如狮子滚绣球、鹤鹿同春、喜鹊登梅；而在装饰中植物就比动物用得更多，如松、柏、李、竹、梅、兰、莲，它们之间的组合表达出多种含义，如松竹梅组合称"岁寒三友"、梅兰竹菊组合称"四君子"。其他器物类，如琴棋书画、八卦炉、百子瓶以及家具，都可经过组合形成有一定意义的装饰画面。

（三）抽象图案的引申

对生活中的事物进行艺术加工，抽象成图案形式，其事物的原义被新的图案形式承接或转化，这也是一种常见的表现方式。例如，各种植物的形象就经常被抽象为图案而运用在建筑装饰中，如鱼鳞、钱币、如意等抽象得来的纹饰。这些抽象图案经过艺术再创造过程，往往其本身的含义就被弱化了，而美观方面的意义就更加重了。

（四）传说典故的教化

在传统民居建筑装饰中，这类以人物为主的装饰题材有大量的应用。有神话故事、民间传说、历史典故及民间风俗等。例如，蟠桃盛会、木兰从军、三国人物这些以人物为主线的建筑装饰是对历史的一种生动记载，往往通俗易懂。除了有装饰作用以外，其更重要的是通常具有一定的教化意义。以上这些表达方式，除了单独用在建筑装饰中外，还常常合在一起使用，题材非常丰富，它们共同表达出人们的思想情感，雅俗共赏，五彩缤纷，带有极强的民俗传统性。

通过以上对于传统民居建筑装饰中体现出的文化内涵的分析，不难看出，这些建筑装饰对于社会生活的各个层面都有深刻反映，包含着丰富的中国传统文化信息。对这些建筑装饰进行研究，有助于人们对于中国传统文化的深入了解，从而能更好地继承传统。

三、我国传统民居装饰艺术的基本特征

（一）实用性特点

我国的传统民居建筑装饰除了能够给建筑本身增添更有特色的装饰色彩以外，更多的是能够体现装饰的实用性。我国建筑从远古的半穴居到现在的钢筋混凝土的变化中，最能够体现出来的特色就是建筑的实用性。人们在建设建筑的时候，最主要的是考虑建筑的实用性与安全性，只有建立在这个基础上才会结合建筑本身再拓展装饰设计。我国传统建筑装饰的基本功能就是体现出实用性。例如，建筑中用到的抱鼓石、斗拱、雀替这些建筑装饰，最开始是出于安全方面考虑才有这样的设计，只是到了后来，人们在这基础上增加了装饰元素，慢慢才形成这种装饰风格，变为建筑装饰的一部分。再如，古代的格扇，当时是为了方便在糊窗纸的时候便于固定，所以设计了这种对称的格扇，但是随着建筑艺

术的发展，这种格扇原理逐渐演变成了现在的花纹图案。我国传统建筑装饰设计基本上都是为了实用性而发明的，逐渐才形成现代的一种建筑装饰手段。

（二）具有中国文化特色

我国传统民居建筑装饰都具有鲜明的中国文化特色。在历史上，很多官邸的建筑装饰都具有一定的含义。例如，在门口安放石狮子是因为狮子象征着威严和权威，所以在现代，一些法院或者检察院、银行门口也会有类似这种含义的雕塑。我国古代皇宫建筑，一些柱子或者墙上会雕刻龙的图案，在古代，龙代表了皇帝，代表了权力和高高在上的地位。除了这些，在古代建筑装饰中，能看出不同身份地位的人装饰也不一样，比如斗拱的使用，只有当时官位比较高的人住宅中才能使用。再如，装饰的颜色上面，明黄色是皇亲国戚才能使用的，寻常人家都不能使用这种颜色。这也是等级划分的体现。这些不同的建筑装饰都体现了浓厚的中国文化特色。

（三）与大环境相协调

在我国古代，人们对天地及生存环境是非常敬畏的。古代皇帝每年都会祭拜天地，可想而知古代人对环境的尊敬与敬畏。所以在建造传统民居的时候，人们会考虑到其与整体环境的协调性。在开始建造前都会进行祭祀，表示对天地和环境的尊敬，同样，在建筑装饰中会出现祈福因素的装饰物，希望可以风调雨顺、五谷丰登、吉祥富贵等。例如，很多建筑的大堂会装饰桃子，这代表着长寿；很多商家会种植牡丹，这代表着富贵。在古代，人们在进行建筑装饰的时候会考虑到整体协调性。例如，人们会种植莲花等水中植物进行装饰，这一方面美观，另一方面也能防火。另外，很多建筑的回廊、窗下等都会栽植花木，也体现了装饰与环境的有效融合。

四、中国传统民居装饰艺术的表现形式

我国传统民居装饰艺术主要表现形式之一就是彩绘。我国彩绘装饰艺术已经有数千年的历史，在不同的时期，对彩绘装饰艺术的处理方法都有所不同。汉朝时期，很多彩绘装饰艺术都带有宝珠、莲花瓣等图案。唐朝时期，彩绘装饰艺术往色彩丰富、精巧的方向发展。这些不同时期对彩绘的不同题材的处理都展现了我国浓厚的文化底蕴。而随着社会的发展，彩绘图案也被逐渐应用到现代建筑装饰中，不仅丰富了装饰元素，也进一步推动了我国建筑装饰行业的发展。

我国传统民居装饰中最常见的就是雕刻，木雕、石雕、砖雕都是传统民居建筑中的装饰形式。木雕就是以木材为原材料进行艺术雕刻，最常见于古建筑园林中。木雕给人的整体感觉就是古朴、典雅。石雕是在石块上雕刻各种造型的图案或者形象，它是一种造型艺术。石雕耐风化，比较坚实，所以更多的是应用在建筑构建上面，石桥、石塔、石亭等作品都是石雕的表现。砖雕也叫作"刻雕"，更多地出现在大门装饰或者建筑墙面装饰上，一些寺庙、深宅大院就会用到砖雕。砖雕具有鲜明的地域特色，受到当地文化传统的影响。例如，山西砖雕构图比较严谨，使人感觉有一定的空间感，实用又美观，而安徽砖雕讲究的是艺术佳境，让人感觉精美，有视觉享受。门窗是传统民居建筑中一个重要的部分，不同的门窗纹样艺术造型给人带来不一样的视觉享受。传统的门窗纹样种类繁多，是民居建筑中不可缺少的一个部分，传统门窗图案的不同设计元素让民居建筑有了不一样的风貌。例如，窗格子构造十分考究，窗格子上面雕刻了许多优美的线槽和花纹，形成漂亮的图案，远远看去就像一个个画框，生活在窑洞里面的人可以通过这些优美的窗格子观看室外的风景。

五、中国传统民居装饰在当代建筑中的应用

优秀的中国传统民居装饰元素需要继承，需要保护，而现代建筑应该吸取传统精华，并根据当地特色设计出与环境相适应的、有个性的建筑。吸取传统精华不是复古，而是要提取元素进行加工运转、抽象提炼，再结合现代装饰材料与新技术，设计出符合民族文化特色、低碳环保、与环境地域相符合的现代建筑。这可以从三个方面出发：第一，可以通过对传统民居装饰元素直接加工转换，结合现代建筑材料、形式，用当代设计手法表现出来。第二，可以提取装饰元素并有机组合。很多传统民居建筑的装饰不是单一的，而是由许多元素组合形成的，建筑师不妨提取几组元素后打散，组合成新的设计形式，以增强现代建筑装饰效果。第三，可以对传统民居建筑装饰进行抽象提炼，抓住传统民居建筑装饰艺术的内涵，在保持整体效果的同时突出特征，让现代建筑更有神秘感与内涵。

六、当今传统民居装饰艺术保护存在的问题

传统民居群体正在逐渐消失，改革开放之后，其破坏消失状况更为严重。所以在许多文章中用"手下留情""争分夺秒""抢救""救救古民居"等字眼来表达危急的情况、关切的心情。造成这种现象有多方面的问题，突出表现在以下几个方面。

（一）整体性保护缺乏，建筑地域特征消减

随着众多城市经济的迅速发展，人口增长，房地产业火爆。各地旧城已经不能负担城市居住重担，拆旧建新也是大势所趋。大部分两代人的小家庭，形成四合院中分成四五户共居的大杂院。同时这些旧民居的设备落后，无私用厕所、无浴室，公用水龙头，厨房是各户私自搭建的。有的小城市无城市排水管道（无法用洗衣机）或电负荷不够，生活

极为不便。民居个人希望除旧布新而又无力改善条件，居民这种心情是可以理解的。因此各城市以改造危房为契机，拆除了大量古民居。当然旧城不是不应该改造，在没有完整的规划的前提下就成区成片地拆除，而且没有充分调研，可能会留下历史的遗憾。

（二）保护不力的缘由——缺乏资金

政府投入的资金远远满足不了传统民居的修缮、管理等保护工作需求，而居住在其中的居民大多生活困难，没有能力拿出资金自行维修。面对逐渐破败的房屋，只能任其发展。

（三）产权关系不明造成保护的消极

个人院落多是新中国成立前由祖上留下的，新中国成立之后有的被收归国有。后来引起的产权纠纷，较多是由于在退还的过程中，出现退错屋主的情况。不得已任老房子维持现状，从而导致了在房屋出现问题或需要维修时，没有人具体负责或筹资。因为随时会面临自家房屋被政府接管，所以就算出现问题现任房主也不积极修缮。

（四）文化上的苍白——不理解民居的历史价值

近年来，我国经济飞速发展，科技取得了长足的进步，但相对而言在精神、文化方面则提高得不快，国民文化修养有待提高，对传统文化（包括传统民居）重要价值的认识不够，人们皆认为其是落后的东西，不必着意维护。近些年来，收藏在社会上掀起热潮，各类古老的东西皆能成为收藏对象，其中也包括对门窗扇的收集和对古民居中的雕刻品的收藏。这些收藏者有的是凑热闹，有的是为了赢利等，文化素质不高和利益的驱使，造成许多有较高研究价值的民居（文物）的损毁。文化素质的提高是一个长期的、艰巨的工程，必须随着历史文化修养的提高、教育程度的提高、艺术欣赏能力的提高，才可逐步实现。

七、传统民居装饰艺术的更新与发展

传统民居的保护多年以来都存在着较大的难题：国家相关建设单位及各界专家学者对于传统民居保护比较重视，并一贯主张保护与传承和发展相结合，但是广大的民居建筑中的居住者却总是向往现代的建筑模式，以此来达到改善与改造居住环境的需要。从长远来看，历史的局限性决定了国家对传统民居只能保护少量的精粹，而传统民居的改建则是一大规模的工程。

（一）运用地方化语言对传统建筑进行更新

地方化语言指地方传统民居建筑的地域特征，它受多种因素，诸如地理气候、宗法人文、物产资源的影响。例如，传统民居的建筑材料、建筑技术、建筑结构及建筑装饰方面都是地方化语言的体现。每个地区都有着原生的材料与装饰，它们是地区的代言，也是最具地方特色的，所以在进行传统民居建筑更新设计的时候应该充分继承和发展地方化语言元素。

1. 建料上地方化

地方材料是当地自然特征所赋予的，是自然的赐予。材料的应用在外观上更能体现建筑的地域性特色，是地方民居建筑特征的集中体现。建筑材料地方化既可以节约外地材料运送的成本，更能够体现当地的自然和民俗风情，表现出其强大的优势。现代建筑师应该考虑乡土材料的优势与劣势，以求把乡土材料的功能性发挥到最大。

2. 建造技术上地方化

建筑艺术与其他纯艺术的根本区别在于，建筑艺术要依托完整和适宜的技术体系才能实现。中国古代就已经有了完整的地域建筑的技术手法，而传统的建筑技术的地域性却在现代混凝土的建筑建设中逐渐消失，导致了优秀的传统建筑风格的丧失。我们不能只是停留于对古代建筑的怀旧情结，而要从地域的技术与思想中提炼出地区风格来。地域技术经过岁月的锤炼逐渐独具特色，势必升华为建筑文化的构成部分。我们要本着"因地制宜，因势利导"的原则，从适应气候与本土生态环境出发，创造人工环境的技术思想，将传统建筑与现代建筑的物理环境区别开来。

3. 视觉形象地方化

视觉形象地方化主要体现在色彩与材质上。要建造出具有当地民居特色的建筑，应该深入发掘中国传统建筑的内涵，将其经过提炼重构转化为抽象符号，结合外在装饰，并与时俱进地结合新的功能要求将其运用到传统建筑中。这一方面使得当地居民对自己的民居建筑感到与众不同：形成自豪感，另一方面使得外地游人在观看的过程中不仅对当地建筑特色印象深刻，也能在其中感受到中国传统民居强烈的震撼力与美感。

（二）尊重民居建筑的主体，引导居民参与设计与营建过程

居民是民居建筑的主体，他们应该参与民居建筑的更新与发展，中国传统民居的建设与改进与居民的需求密切相关。所以在整个民居建造与发展的过程中，应该充分调动居民的积极性，以居民的要求与见解为出发点，建造出符合居民要求的居住建筑。而居民在参与的过程中，无形培养了对传统住宅的继承与更新能力，增强了居民的自主意识与区域自信，让他们更加珍惜自己的民居建筑技术与文化。

（三）重视保护传统工匠技艺

2003 年，《保护非物质文化遗产公约》确立了非物质文化遗产五大

类别，包括口头传说和表述，表演艺术，社会习俗、礼仪、节庆，有关自然界和宇宙的知识和实践，传统的手工艺技能。公约虽有助于保护非物质文化遗产，但尚缺传统民居建筑技艺保护措施。为防失传，需传承人扩大传授范围，吸引更多学习者，确保技艺得以延续与传承。

第五章　中国传统民居建筑空间与环境因素

第一节　中国传统民居建筑环境演变

中国传统民居建筑是广大劳动人民在中国传统建筑哲学思想的指引下，巧妙地崇尚自然、适应不同气候、融合各民族风俗习惯的结晶。他们因地制宜，就地取材，运用世代相传的精湛建造技术，自行设计，精心建造，打造出供自家使用的居住建筑。这些传统民居建筑风格各异，却无一不深刻体现了天人合一、以人为中心的思想。其精神内涵及形态，在许多方面都展现出超前的生态观念和现代意识。它们是最贴近人民生活的建筑，历经长期的历史考验，是丰富经验的积累。

随着建筑行业的蓬勃发展，人们的需求日益丰富多样，建筑形式也随之不断推陈出新。在这个过程中，建筑环境并非一成不变，而是随着人们需求的变化而不断演变。虽然都是为了满足居住的需求，但人们对居住质量的要求却有着或多或少的改变。不同的建筑类型对于满足人们的不同层次的需求有着不同的侧重，对建筑环境的要求也是各不相同。其中，传统民居作为建筑类型中的实用典范，最能生动地体现人与建筑之间密不可分的关系。

一、中国传统民居建筑的演进

（一）中国传统民居建筑历史的发展要求

中国建筑的研究历经几代人的辛勤耕耘，已取得了丰硕的成果。然而，无论建筑形式如何演变，其最基本的功能始终未变——作为人类躲避自然危害的庇护所。这一原则深深根植于建筑的发展历程中，尤其在民居建筑中体现得尤为显著。传统民居建筑无一不是反映地方气候、材料和社会文化特色的住宅建筑。王贵祥在其《关于建筑史学研究的几点思考》一书中，明确指出建筑历史的研究已经迈入了第三个阶段，即对建筑的诠释性研究阶段。因此，对于中国传统民居建筑的研究，我们不应仅仅停留在形式和符号的模仿层面。

（二）中国传统民居建筑的现状

中国传统民居建筑曾经是中华大地上熠熠生辉的地域性文化瑰宝，如今却面临着被忽视和遗忘的严峻现实。随着现代建筑技术的飞速进步和全球化浪潮的猛烈冲击，具有浓厚地方特色和民族风情的传统民居建筑逐渐淡出人们的视线，其独特的建筑风格和构造方式未能得到有效传承和发展。中国传统民居建筑体系深受封建礼制思想和自然环境影响，形成了一套以住房为主体，注重家庭内部关系处理和与外部环境和谐的布局模式。这些传统民居通常采用木结构框架，既体现了人们对大自然的敬畏和对生态智慧的运用，又展现了独特的建筑美学和人文精神。院落作为基本单元，不仅满足了人们日常生活需求，还承载了邻里交往、休闲娱乐等功能，构成了富有生活气息和人情味儿的社区空间。这些年，由于建筑业的发展，农村与城市的联系也极为密切。城市的建筑发展改变了多年遗留下来的传统建筑风格，取而代之的是砖混结构的"方盒子"组合成的"新宅"，这样的民居失去了建筑的精神和文化性。人们常说地区主义建筑的发展应该是以传统民居为基础的，因此传统民居是地方主义建筑的"根"。新的农村住宅以"方盒子"为主流、形式单一、呆板，这正是历史虚无主义存在的结果。这些虽然符合当今建筑的步伐，但是在文化方面并无创新，它抹杀了传统的民族文化。中国传统民居在高度发达的建筑技术的冲击下已渐渐被遗忘。建筑应当与其所处的自然环境、社会文化、人们的意识和观念相适应。中国传统民居建筑的精神和文化应当被继承和发展，也应赋予传统民居以生气，使之富有生命力，使其成为真正安全舒适、适应环境及使用方便的各类建筑空间环境。建筑文化不是封闭的，而是继承、创造、延续的产物，在建筑创作上应该借鉴民族的传统文化，吸取外来的精华。

（三）中国传统民居建筑元素在现代建筑中的运用

在现代建筑的设计中，我们应当巧妙地融入中国古代建筑中关于"天时、地利、人和"的哲学思想。这不仅是对环境与物质技术处理的精妙运用，更是将二者完美地融为一体。传统元素在现代建筑中的应用，并非简单地追求仿古，而是要深入理解并传承中国文化，通过建筑语言将这种文化精髓展现出来。在对待建筑传统的问题上，我们不能仅仅停留在形式层面，而是要深入挖掘其内在的精神内涵。我们应该继承和发扬中国传统建筑的优秀文化传统，而不是仅仅追求外在形式的相似。在现代建筑设计中，当运用中国传统民居建筑元素时，我们应当灵活多变，巧妙运用。通过在当代建筑造型设计中融入传统与现代元素，我们可以直接引用传统建筑符号，从而清晰地传达建筑的意义，体现其深厚的传统韵味。

在建筑造型的处理中，用现代的建筑材料和结构技术来部分模仿传统建筑的形式，例如，对建筑的屋顶、檐部、柱头、窗套等部分严格遵守传统的做法和比例，这是中国建筑师在探索传统与现代相结合的过程中最先选择采用的手法之一。在设计中可以把传统建筑符号进行抽象提炼后应用到建筑的重要部位，如建筑的屋顶、檐部、窗口和楼梯间处，这种手法抽象而现代，既突出了建筑的时代特征又体现了传统文化的脉络。在现代建筑设计中，应继承和发扬传统，不应该只是简简单单复制传统。一方面，从中国建筑文化的深厚积淀中汲取智慧和美学原则，对传统建筑中的材料选择、结构设计、布局理念及装饰艺术等进行深入研究和提炼，使之与当代建筑技术和现代生活方式相融合，以创造出既能体现民族文化底蕴又符合时代潮流的建筑作品。这意味着要将传统的四合院、园林艺术、风水理念等与现代的节能技术、智能建筑系统以及绿色生活理念相结合，打造出既具有文化内涵又具备实用功能的新型建筑。另一方面，传统建筑并非一成不变的遗产，而是随着历史变迁和社会发展不断演变和创新的产物。继承中国建筑的优秀传统，并非简单地复制粘贴，而是在理解和掌握传统的基础上将其精髓融入现代设计中，并通过新材料、新技术和新工艺的运用，创造出既保留传统韵味又富有时代特色的新建筑。此外，在尊重和传承传统建筑风格的同时，我们倡导大胆创新，以适应现代社会多元化、个性化的需求。创新是民族进步的灵魂，对于建筑艺术来说同样如此。只有不断探索新的设计手法、新的空间处理方式以及新的材料应用，才能赋予传统建筑风格以新的生命力和活力，使中国的传统建筑风格在传承中不断发展和升华。

二、中国传统民居建筑演进的自然空间因素

（一）就地取材

传统民居的建筑风格和材料选择历来都是因地制宜、就地取材，充分体现了人与自然和谐共生的智慧。不同地区的民居，如东北的土房、陕北的窑洞、西南的木房及傣家的竹楼，都以其独特的朴素材料质感、色彩和纹理展现出各自的地域特色和生态智慧。这些传统民居不仅具有实用性，更是一种文化象征，传递着各地人民的生活智慧和审美情趣。

中国传统民居对木材情有独钟，素有"墙倒屋不塌"之说。这不

仅仅是因为木材是一种优质的建筑材料，更是因为它所蕴含的地域文化和生态智慧。从抗震的角度来看，木材具有明显的优越性。它的弹性模量高，能够吸收地震的能量，减少震动力对建筑的影响。这种结构体系使空间分割变得灵活，堪称 SAR（STICHING ARCHITECTEN RESEARCH）体系住宅楷模。木构架结构作为民居普遍采用的形式，从原始社会开始萌芽，历经漫长的历史演变，逐渐形成了独特的建筑风格和结构体系。随着时代的发展，木构架结构的用材逐渐标准化，结构形式趋于规范化，这不仅提高了建筑的稳定性和耐久性，也使传统民居成为具有地域特色和文化内涵的独特建筑风格。这些民居不仅是中国传统建筑文化的瑰宝，更是中华民族智慧和文明的结晶。

木结构的诞生是有其历史渊源的，很明显，它与特定环境所能提供的取材范围有着密切的关系。在其诞生初期，人少地多，森林密。木材与石材相比，搬运便利，易于加工，具有轻盈灵活之气，滕然升空之势，有很强的造型潜力。另外，木材作为可再生资源，其对环境的破坏程度之小、对人类居住环境的污染之微也充分体现其生态性。当然，除木材外，丰富的石材、黏土、竹子等也是古人采用较多的就近且环保的建筑材料。传统民居建筑在材料运用上注重就地取材。材料来自大自然，废弃时再回归自然循环，不污染环境，建设过程中也节约了运输成本。自然材料在使用中常表现出多方面的生态功能，即使经过加工，在很大程度上还能反映自然的特征和满足人们返璞归真、回归自然和与大自然融合的心理要求。例如，丽江古城的传统天井铺地材料是瓦片、卵石、碎砖，以其嵌成各种图案的面层。这种面层缝隙多，透水性强，可以使阳光和雨水迅速渗入，使大地保持很好的生态特性，利于草本植物生长。夏季地下的湿气也能快速蒸发，使地面温度降低，调节周围的微气候和温度与湿度环境。

（二）顺势随形

村落的布局与传统民居的建造无不因山就水、顺势随形，与自然环境相得益彰。房屋的大小分合、前后高低皆与环境条件紧密相连，呈现出一种自然生长的体制。在平坦之地，传统民居多构图集中，秩序井然；而在山地，传统民居则随山势高低起伏，错落有致，甚至在高差较大的地方，还出现了悬于山外的吊脚楼，展现了民居对自然环境的巧妙适应。在条件苛刻时，民居能够随遇而安，不拘泥于一定之规。分析历史上村落的衍变过程我们可以发现，北方平原的村落多成团成簇，扩展趋势具有一定的任意性；而江南民居则沿海呈带状发展，充分利用了地形优势，节约了建筑材料，实现了与自然的和谐共生。

（三）重视选址与环境

在我国，众多源远流长的民间传说和故事生动地描绘了先民们在选址建村时对理想环境的执着追求。他们青睐于那些土地肥沃、水草丰美、花木葱茏、鱼翔鸟鸣的地方，而这些偏好中，水无疑是核心要素。水，乃生命之源，也是村落繁衍生息的关键所在。桃花源的传奇故事，其线索便源自武陵人所追寻的那条神秘的"溪"。那片如诗如画的田园风光，仿佛渔舟轻荡于春山之间，仙家悠然自得，窗棂纱幌映照着朱颜，与挚友重逢于醉梦之间。江、河、池、溪、井，这些清泉流水成为人们日常生活的不可或缺；而治河理水，自然也就成为聚落环境治理的重要内容。因此，在选址建村时，先民们往往选择那些山清水秀、花木繁茂之地，它为居民生活提供了一个气候宜人、环境优美的宜居地。

（四）设计结合气候策略

在生态建筑设计的全过程中，气候因素扮演着至关重要的角色。这是因为生态建筑的核心目标在于实现与自然环境的和谐共生，即通过合理利用和尊重地域性气候特点，创造一个健康舒适、高效节能且环保的建筑环境。在设计与选材过程中，应始终坚持因地制宜的原则，即根据项目所在地的地理位置、经纬度、海拔高度、风向风速、降雨量、气温变化、光照条件等气候要素，以及当地的生态敏感性和资源禀赋等因素进行综合分析。设计结合气候条件意味着我们要充分利用当地的气候优势，如适宜的光照条件、通风状况或水资源，将其转化为建筑设计中的有益因素，例如，通过合理的建筑布局和采光设计使自然光照最大化，利用通风口和绿化带设计促进空气流通，以及结合地形地貌和气候特征规划室外空间。

1. 炎热地区

各地区多利用空间和特殊的建筑构造增加室内的空气流动速度，结合建筑的造型防止太阳光线直射室内以降低室温，选择当地储热性能较高的构造材料和结构以隔热。例如，云南西双版纳的竹楼大多为竹、木结构，屋顶挑檐深远，形成大片阴影，使下部房间阴凉；底层架空和带缝的木楼板，使底部室外空气渗透到室内，空气自然流动带走热量，使室内较为凉爽。又如，重庆地区的吊脚楼多采用地方建筑材料和相应的施工建造技术，吊脚楼依山就势、顺坡附岩。独特的建筑形式造就了大量的吊脚楼下及吊脚楼之间的中介空间、狭窄空间、阴影空间，夏季有效地避免了阳光直射，同时利用不同空间的气压差异形成良好的通风，为人们提供了宜人的环境。

2. 严寒地区

广泛利用地方材料的导热性以充分吸收太阳热能，并采用某些遮蔽手段以抵御寒风的侵袭。例如，黄土高原上利用条条冲沟、块块坡地挖掘而成的黄土窑洞，既不占耕地，还可以防止水土流失，同时泥土良好的储热性使洞内冬暖夏凉，适合人的居住要求。在北方寒冷干燥、日照相对有限的气候条件下，建筑通常呈南北向延伸较长，院落空间显得开阔宽广，旨在充分捕捉和利用珍贵的阳光资源。

3. 温带地区

尽管设计策略的核心相似，民居建筑形式依旧因地制宜，随地域环境的迥异而呈现出多样化的风貌。例如，院落和檐廊作为中国大部分地区传统民居的典型平面布局元素，在南方的湿热气候中，由于降雨量大且日照时间长，建筑则相应地缩短了南北向的跨度，院落空间更为紧凑小巧。这样的设计使得建筑的阴影能够精准地洒落在院落内，营造出一片阴凉且宜人的小天井，既满足了通风散热的需求，又创造出独特的微气候环境。

第二节　中国传统民居建筑与自然空间

神州大地承载着悠久的历史和深厚的文化底蕴，传统民居建筑更是中华艺术中的瑰宝。从先民们栖居的山洞，到古代熠熠生辉的宫殿，直至如今鳞次栉比的高楼大厦，这些建筑与当时的社会经济、生产力和建筑技术水平紧密相连，但同样无法割舍与当地自然环境的千丝万缕的联系。正如俗语所言的"一方水土养一方人"，传统民居建筑的精妙绝伦不仅体现了当时建筑技艺的精湛、社会的繁荣，更是深刻反映了其对于当地自然环境的巧妙适应。

一、自然空间的基本概念

自然空间是环境的一种类型，而环境则可分为自然环境与社会文化环境。在这二者中，自然环境构成了社会文化环境的基础，而社会文化环境则可以视为自然环境的延伸与发展。自然环境即指环绕生物周围的各类自然因素的总和，涵盖了大气、水、其他物种、土壤岩石矿物及太阳辐射等，它是生物赖以生存的不可或缺的物质基础。为了便于理解，这些因素常被划分为大气圈、水圈、生物圈、土壤圈、岩石圈等五个自然圈。

地表上各个区域的自然空间要素及其结构形式呈现出多样化的特点，这使得各处的自然环境迥异。低纬度地区由于每年接受的太阳能较多，形成了热带环境；而高纬度地区则因太阳能较少，形成了寒带环境。雨量充沛的地区孕育了湿润的森林环境，而雨量稀少的地区则呈现为干旱的草原或荒漠景象。此外，高温多雨的地区，土壤在淋溶作用下终年呈现酸性，而半干旱的草原地带，土壤则常呈中性或碱性。这些不同的土壤特征又进一步影响了植被和作物的生长与分布。在广阔的大平原上，这种差异性表现为明显的纬度地带性，即随着纬度的变化，自然环境也随之改变。而在起伏较大的山地，则形成了垂直的景观带，从山脚到山顶，自然环境呈现出明显的层次变化。

（一）自然空间与社会文化环境的关系

自然空间为社会文化环境的基石。它不仅受到地理位置、气候条件、生物多样性等内在自然因素的影响，还受到人类活动所带来的外在压力。在社会文化环境的塑造过程中，科技进步，尤其是工业化和城市化进程，持续不断地改变着自然空间的格局和功能。以西欧和北欧地区为例，这些区域因其温湿多雨的气候特征，原本的生态环境就较为脆弱。随着工业化进程的加速和城市人口的激增，大量的二氧化硫等酸性气体被排放至大气中。这些气体直接导致云雾层增厚，雨水酸度上升，形成了所谓的"酸雨"。酸雨的降落对地表环境造成了严重的侵蚀作用，它能够加速土壤中矿物质的溶解，破坏土壤结构，使土壤酸化；同时，酸雨还会影响湖泊的 pH，导致湖泊生态系统失衡，严重威胁到依赖湖泊水源生存的植物和鱼类种群的繁衍生息。在这个相互作用的过程中，我们可以看到自然空间与社会文化环境之间的紧密联系和相互依赖性。因此，在当今时代背景下，寻求人与自然和谐共生的发展模式，合理控制工业排放，保护生态环境，对于维护地球生命的共同家园具有重要意义。

（二）自然空间的分类

1. 自然空间按生态系统分类

在自然界中，生态系统呈现出多样化的空间分布，其中水生环境和陆生环境构成了地球生命体系的主要框架。水生环境泛指所有水域的生态系统，包括浩渺的海洋、宁静深邃的湖泊以及奔腾不息的河流等，这些水体承载着地球上大部分的生物多样性。水生环境具有其独特的理化特征，使得其中的生物相较于陆地生物面临不同的生存挑战与适应压力。首先，水体中的营养物质，如氮、磷等，能以离子或可溶性有机物的形式直接溶于水中，便于浮游植物和其他水生生物直接吸收利用，无须像陆地植物那样通过土壤介质进行养分的获取。其次，水温变化幅度相较于气温变化通常较小，这不仅有利于维持水生生物体内外环境的稳定，使得生物更容易适应环境变化，也为缓慢而稳定的生物进化过程创造了有利条件。此外，水体中的氧和氮含量的比值通常高于大气中的相应比值，这为好氧生物提供了更为充足的氧气供应，有利于维持较高的生物生产力。因此，在诸多方面，水生环境的稳定性与缓变性相较于陆生环境表现得更为突出，从而导致了水生生物在进化速度上相对较慢。然而，尽管水生环境在整体上表现出这些特点，但其内部仍然存在明显的区别，主要根据其化学性质可划分为淡水环境和咸水环境。淡水环境主要存在于陆地上，覆盖范围较广，包括河流、湖泊及部分水库等，由于其水源补给主要依赖于大气降水及地表径流，因此受人类活动影响较大，环境质量的改变因素复杂多样。而咸水环境则主要指的是广袤的海洋以及咸水湖等封闭或半封闭的水体，它们的水循环过程及盐分平衡机制较为独特，因而具有较高的生态脆弱性。

海洋中又可分为浅海环境和深海环境。浅海环境的水中营养较丰富，光线较充足，是海洋中生物最多的部分。深海环境范围广大，生物资源不如浅海丰富。陆生环境范围小于水生环境，但其内部的差异和变化却比水生环境大得多。这种多样性和多变性的条件促进了陆生生物的发展，使其生物种属远多于水生生物，并且空间差异很大。还可以按热量带来分，有热带生物群系、温带生物群系、寒带生物群系；按水分条件来分，有湿润区的生态类型和干燥区的生态类型；按地势来分，有低地区生态类型和高山区生态类型。陆生环境是人类居住地，其生活资料和生产资料大多直接取自陆生环境，因此人类对陆生环境的依赖和影响亦大于对水生环境的依赖和影响，例如，农业的发展就大面积地改变了地球上绿色植物的组成。

2. 自然空间按人类影响程度分类

自然空间依据人类对其的影响程度及其所保留的结构形态与能量衡，大致划分为原生环境与次生环境两大类别。原生环境受人类影响较少，那里的物质交换、迁移和转化，能量、信息的传递和物种的演化，基本上仍按自然界的规律进行，某些原始森林地区、人迹罕至的荒漠、冻原地区、大洋中心区等都是原生环境。随着人类活动范围持续扩张，原生环境空间不断受到挤压，发生改变，其完整性及生态平衡面临着严峻挑战。次生环境，是指那些在人类活动直接影响下，其物质循环、能量流动和信息传递等生态过程发生了深刻变革的环境类型。例如，耕地、种植园、城市以及各类工业区等均属于此范畴。这些人工改造过的环境虽然在外观形态和功能特性上与自然状态截然不同，但它们仍然遵循着基本的自然演变规律，处于自然生态系统的循环运动之中。人类通过智慧和技术对原生环境进行有目的的改造和利用，使之适应社会经济发展及生活需求，有力地推动了人类社会文明进步的步伐。以黄河下游的堤坝建设为例，通过控制河水泛滥，有效保障了农业生产的稳定进行，使得华北平原的次生环境在某种程度上优于其原始状态，为当地的经济文化发展创造了有利条件。然而，值得注意的是，任何忽视环境内部物质能量平衡的生产活动都将带来严重的后果。一旦这种平衡被打破，次生环境的质量将急剧下滑，不仅可能导致生态系统服务功能的丧失，还会对人类生活产生极大的负面影响。例如，过度开垦农田可能导致土地退化、水源污染等问题频发，过量排放温室气体可能加剧全球气候变暖，不合理的工业布局则可能引发环境污染和健康风险等。因此，在利用和改造自然环境以满足人类需求的过程中，必须坚持科学合理的原则，注重维护和恢复环境的平衡状态，以实现人类活动与自然环境长期和谐共生的发展目标。

二、中国传统民居建筑独特的自然环境观

中国疆域辽阔，地理环境多样，覆盖了东、西、南、北各种截然不同的气候区域和复杂的地形地貌。这样的地理多样性孕育了风格迥异、形制不一的传统民居建筑。尽管建筑风格在地域间存在差异，但它们在选址、格局、外观、形式和风格等方面都深刻体现了对自然环境的深刻理解和尊重。这种对自然的认识和态度，经过无数次的实践积累，逐渐凝聚成了中国传统民居建筑所独有的自然环境观。

（一）实用观

我国的地理环境具有显著的多样性，南北跨越了五个温度带，从南到北依次为热带、亚热带、暖温带、中温带和寒温带，这种跨度使得我国的气候类型丰富而复杂。从东南沿海到西北内陆，随着湿润气流的影响递减，我国依次出现了湿润、半湿润、半干旱和干旱等区域划分。尤为突出的是季风气候特征，我国大部分人口集中居住在东部地区，深受季风影响，这里降水变率大，气温年较差显著，且易受水旱灾害的侵袭。夏季受海洋季风影响，湿润气流带来充沛降水；冬季则受大陆性气

候影响，干燥寒冷。这样的气候条件使得人们在建造房屋时必须充分考虑防暑、避寒及防灾等功能性需求。此外，我国的地形地貌复杂多变，山地、丘陵在总面积中占据主导地位，真正意义上的平原面积约仅占国土总面积的11%，这在一定程度上限制了农业发展和城市化进程。在这样的自然条件下，人们在建造房屋时不仅要考虑基本的住房功能，如采光、通风、遮雨，还要针对当地的特殊地理环境进行特殊设计。例如，在山区，房屋需要具备良好的防滑和排水功能，确保安全居住；在平原地区，则需考虑如何适应炎热湿润的夏季气候和寒冷干燥的冬季气候。由于当时社会生产力水平相对较低，人们建房时更需要充分利用自然条件，并巧妙结合地理环境进行布局和构造，以实现上述实用功能。

1. 因地制宜

因地制宜主要是指人们在建房时，最大限度地发挥自然条件的作用，以期更好地实现民居的实用功能。我国大部分地区的传统民居建筑是以围合的院落式为基础。为了适应各地不同的气候状况，各地民居的格局和形式都有相应的变化，创造出具有浓郁地方特色的民居建筑。我国东北和华北地区冬季长而冷，保温防寒是民居首先要解决的问题，所以该地区的房屋进深较小，高度不高，多开南窗，室内普遍设火炕，建材中用泥较多，外形显得厚重。同时为了争取更多的太阳光、充分利用太阳光热、避免建筑物相互阻挡，单体建筑之间保持了较大间距，形成了建筑物间距较大的东北大院和北京四合院式的建筑格局。处于亚热带的华中和华东地区以及热带的华南地区，夏季多雨，空气湿度大，热量不易蒸发，酷热难当，民居建筑最重要的任务是降温、通风、避雨、防潮，因此，房屋高度较大，出檐较深远，屋面坡度较大，结构开敞，外观显得轻盈；同时，为了遮阳，院落中建筑物缩小了间距，以期获得较大的阴影。单体建筑间距小，形成聚落中的窄巷，有利于加大风速。

黄土高原区居民则利用当地富含钙质的厚层黄土坡开凿窑洞。窑洞外部的门面用砖、石或土坯砌成拱券式门，与自然环境浑然一体、粗犷而质朴。而俗称"天无三日晴，地无三尺平"的贵州和川西地区，地多陡坡，不少传统民居将屋基用木柱在斜坡上支撑起来，形成吊脚楼式的民居形式，这不仅适合于当地地形条件，而且在视觉效果上增加了空间层次和上下之间的明暗对比。此外，中原平地的传统民居狭巷夹天，庭院深深；江南水乡的传统民居则小桥流水，粉墙黛瓦……但无论哪一种民居形式，都与自然环境有机结合而富有特色，使我国传统民居建筑丰富多彩。

2. 抗灾防灾

在我国，由于地理气候的多样性，大部分地区时常遭受极大的降水变率，导致了水旱灾害的频繁发生。受限于当时的社会发展水平，人们往往在灾害发生后采取减少损失的措施。因此，在水旱灾害频发的地区，简陋的民居成为常见的景象。以江苏里下河地区为例，这里传统民居多为土墙草顶房。即便是富庶之地，如号称淮东富邑的盐城，至清末，草房仍占据了五分之四的房屋面积。然而，从另一个角度看，这种土墙草顶房与现代化的钢筋混凝土建筑相比，其隔热性能更佳，从而实现了冬暖夏凉的效果。而在我国西南和东北地区，由于地震相对较多，当地居民巧妙地利用了盛产的竹、木资源，普遍采用了竹或木构架来建造房屋。这种竹木构架节点刚柔相济，在遭遇小地震时，由于节点可以稍稍错动而消耗能量，从而起到了"墙倒屋不塌"的效果。

（二）审美观

在中国传统文化中，"天人合一"的哲学思想占据了重要地位，它主张人与自然应当和谐共生，达到一种相互融合、浑然一体的境界。这一深邃的理念深深渗透并影响了中国传统民居的设计理念和建筑实践。传统民居在规划布局和建造过程中，充分考虑了与自然环境的有机融合，无论是选址、朝向、采光、通风，还是材料的选择、形态的设计，都力求与大自然保持和谐统一的美学韵味。从现存的众多传统民居实例来看，尽管这些建筑群并没有按照现代意义上的统一规划进行布局，但在整体上却呈现出一种自然和谐的状态。每座传统民居都因地制宜，顺应地形地貌，巧妙利用自然环境条件，如山水、植被、气候因素，形成了与大自然息息相通、浑然一体的景象。由于我国地域辽阔，地理环境千差万别，各地的风俗民情也各具特色。这些多样化的地域特征和民俗文化在传统民居中得到了生动而灵活的体现。各地的民居建筑风格各异，各具特色，无不带有鲜明的地方色彩和浓郁的文化底蕴，如江南水乡的枕水人家、四合院、徽派民居、客家土楼。

1. 和谐美

从总体来看，由于传统思想影响，围合的院落式民居为大部分地区所接受，使中国传统民居在平面布局上处于一种基本统一的状态。此外，中国传统建筑多为土木建筑，建筑材料自身的物理性质在一定程度上限制了建筑向高处发展，转而谋求同大地的契合。院落式民居的基本布局形式和高度不大的外观使传统民居很容易与大自然融为一体。当时的生产力水平使得人们无法大规模地改造自然环境，他们只得尽可能地利用有利的环境条件选择一块合适的房基地，努力使住宅建筑与自然环境融为一体。这样，为适应地区气候和地形而诞生的建筑，风格总体上是统一的。例如，东南丘陵的民居建筑依地形而随高就低，曲折蜿蜒，与自然环境巧妙结合。

此外，同一地域的传统民居，由于都大量使用本地的天然建筑材料，建房的结构方法也基本相同。这不仅使建筑物的形式、色彩和质感保持统一的风格，也使民居建筑物与自然环境十分和谐。

2. 变化美

与大自然和谐相处是中国传统民居文化的基调，但这种统一和谐又不乏变化，这才使中国传统民居建筑在景观上富有勃勃生机，有的甚至具有诗情画意。中国传统民居在建筑的时间上总是有先有后，民居主人的喜好和财力也不尽一致，因此总体风格基本一致的民居建筑总还有高低大小的变化。在山丘地区，传统民居建筑顺应地势，利用坡、沟、坎、台等微地貌构成灵活多变的外观形式，勾画出层次丰富、参差变化的轮廓线。例如，江南丘陵区盛产木材，传统民居建筑用木材较多，不仅用木构架承重，连门窗栏杆隔墙和围护墙也喜用木材，而砖墙多用空斗砌法，加上该区建筑密度较大，防火成了至关重要的事。为了防止或延缓火势蔓延，传统民居广泛采用封火墙。封火墙必须高出屋面许多，它一般呈跌落的台阶形式，有的地区采用不同的曲线形式。从建筑景观角度讲，方向不同、形式各异、装饰多样的封火墙与当地地理环境的组合，使传统民居建筑群体充满了生动和韵律感，富于变化。

总之，以与自然环境有机结合而富有特色的建筑形式为审美对象的审美观，内涵极其丰富，除了视觉上体现出统一和变化等形式美之外，还包括了传统民居与自然环境的以"和"为美的审美思想。

（三）环境保护观

1. 崇尚自然，引入自然

中国传统民居建筑充分表现了崇尚自然、引入自然的生态精神。它把自然看作人化的自然，把人看作自然化的人，强调生活就是宇宙，宇宙就是生活，领略大自然的妙处也就领略了生命的意义。传统民居常在青山翠绿、绿水长流境地中相地建宅。陶渊明曰："方宅十余亩，茅屋八九间。榆柳荫后檐，桃李罗堂前。"

中国传统民居还在室内运用各种盆栽、盆景、瓶插、山石巧妙地将人工与自然融合在适度范围内，使它们源于自然而高于自然，将大自然的风景加以提炼，小中见大，虚中有实，近中透远，达到了多方胜景、咫尺山林的自然效果。精心布置的盆景、盆栽展现了中国传统民居以绿色陈设为主的室内自然景观。

2. 保护环境

由于生产力水平限制，古人不可能对自然环境进行大规模改造，只能根据实际情况积极地创造一定的条件来营造适合的人居环境。经长期实践，人们逐渐总结出适应自然、协调发展的经验，并指导后人选取良好的地理环境以营宅立邑。例如，在山坡上建房，常常筑台立基或建吊脚楼，极少大规模开挖平整地基。这种建筑行为客观上使得人们向自然界索取较少，对生态环境的破坏未能像现在这样超出自然环境的调控能力，为大自然所容忍，有利于自然界的生态平衡，客观上也保留了一个和谐的生态环境。传统民居对住宅周围环境的保护主要表现在保护山林和环境绿化等方面。它们利用自然资源，注意资源的繁衍和生态环境保护。"斧斤以时入山林，林木不可胜用也。"人们经过长期实践，根据生态、观赏和实用功能，在民居建筑周围绿化。例如，梅树树干不大，不挡阳光，造型优美，宜植于稍高又避雨的宅北；榆树速生，枝叶繁茂，还能吸附烟尘，种于宅周能净化空气和保护环境。人们常以竹子比喻高风亮节，生产工具也多以竹加工制作，且竹生长快、耐阴，因而住宅后面常常种植竹子。南方民居为了减少墙壁吸收太阳辐射，常在向阳面选用有吸附能力的垂直绿化植物等。此外，樟树、柏树、松树等大树往往影响民居的建筑布局。有些地方就环绕大树造房子，甚至于发展成一个村落；有些地方则环绕大树开辟公共活动场所，以保护和充分利用这些大树。

总之，无论是主观上的自然崇拜，抑或是客观上的环境保护，民居都反映了一种朴素的生态环境观，一些经验甚至在今天都值得借鉴。

三、自然环境对中国传统民居建筑的影响

自然环境是人类生存和发展的基础，包括水、大气、生物、岩石、土壤等多种要素。这些要素相互关联、相互影响，共同构成了人类生活的生态环境。在古代社会，由于科学技术和社会生产力的限制，人类对自然环境的依赖和利用程度更高，因此自然环境对建筑形制和村落布局的形成往往起着决定性作用。在中国传统民居建筑中，自然环境的影响尤为显著。以下将通过几个典型的实例来加以说明。

（一）自然环境对山西传统民居建筑的影响

受特定自然环境因素长期的作用和影响，山西传统民居建筑形成了极具地方特色的建筑形制与村落布局特点。下面主要以地形地貌对山西民居形制和村落布局的影响进行说明。

山西位于太行山之西、黄河以东。境内层峦叠嶂、沟壑林立，具有山地、丘陵、高原、盆地等丰富的地形地貌。六大盆地（运城盆地、临汾盆地、长治盆地、太原盆地、忻定盆地、大同盆地）由南向北依次分布。东部是以太行山脉为主体的山地高原，西部是以吕梁山脉为主体的黄土高原。因此，山西的地形主要以山地为主，乡村大都分布在这些山川峻岭之间。

中国古代传统民居建筑强调依山傍水、遵循自然的建筑理念。凡有山有水之地，气候宜人，常被视为生存居住的首选之地。在村落布局中，从便利的角度考虑当然是选择平川为宜。但是，山西以山地为主的地形地貌却很少能提供这样大面积的平川，往往是平地、山坡、断崖相结合的地形比较多。在这样的情况下，就要对地形进行合理的分析和利用。在村落布局中，较为平坦的地势往往会留给从事商品交易的集市，以便于货物的集散和交易的顺利进行。集市的选择方法一般是沿山

坡相同高度的平地展开，街道的延伸随山势而转。坡地一般用来建造民居，如果坡度较缓，将坡面铲平建造房屋；如果坡度较陡，则将垂直面铲平，掘土成窑而居。当地百姓还根据不同的地形地貌，将窑洞和房屋相结合，使其在山坡上的分布高低错落，别有韵味。位于黄河岸边的碛口镇古村落的形成就与地理条件有着十分密切的联系。黄河与湫水河交汇处的卧虎山下是带状缓坡地，四周山环水绕、背山面水，宜于修建村落。整个村落依山而建，分布在黄土坡上。当年修建村落时，百姓巧妙地利用每一寸土地，将大大小小百十个窑洞错落有致、层层叠叠地镶嵌在陡峭的土坡上、山间洞口内。窑洞门窗格栅纵横交错，镶嵌着的木雕贴着精巧的窗花。山坡之上，往往下一层窑洞的顶面就是上一层窑洞的前院。有的窑洞甚至就直接修建在下一层窑洞的顶面上，多达 10 多层的窑洞看似随意，却巧妙地融合当地特有的地形地貌并力求突破限制，格局灵活多变，立体感极强，风格粗犷而不失精美，华丽而不失张扬。

（二）自然环境对贵州传统民居建筑的影响

贵州的传统民居建筑对四周环境的保护主要表现在保护山林和环境绿化等方面。它在利用自然资源时注意了资源的再生和生态环境的保护，民居往往建在不宜耕种的坡地上，因而保护了大片的农田和山林的植被。在贵州的传统民居的村头，往往会有保护自然的古树，体现了人与自然的密切关系，古树也被视为风水的一种象征或寄托。

贵州多山地、丘陵，这使得传统民居的建设力求依山傍水、避风朝阳、讲求自然的形势。根据不同地形进行合理布局：如果地势为山区时，则利用坡地，既节省土方，又能造成建筑群体高低错落的优美气势；如果在水边，则利用河道，组成水网交通，利用山与水对调节小气候的优势条件进行规划以创造良好的室外环境。人与自然环境的和谐相依是贵州传统民居设计的总体思想。无论是黎平的侗族民居还是凯里的吊脚楼，都是因时、因地营建居所。在寻求居住环境时，一般都背山面水，负阴抱阳。背山可以阻挡冬季寒风；前方开阔可以得到良好的日照，可以接纳夏日的凉风；四周山丘可以提供木材、燃料，山上的植被既能保持水土流失，防止山洪，也能形成适宜的小气候；流水既保证了生活与农田灌溉用水，又适宜水中养殖。贵州的传统民居基本都是按照这一思路进行村落的整体布局，以满足人们对长期的基本生活环境的需求，以求子孙世代兴旺。许多贵州传统民居经过长期演变，仍蕴含着丰富且朴素的绿色生态的环境理念。从自然生态、建筑技术角度出发，与周围环境和谐相处是传统民居建筑的优秀特征和经验。

（三）自然环境对藏族传统民居建筑的影响

藏族居民在长期的自然和文化选择中发展出了适应当地自然环境的独特居住建筑形态。藏族传统民居外形独特，个性鲜明。上万年前，新石器时代的古藏人便开始建造简易的栖身窝棚，位于西藏东南的卡若文化遗址村落是藏族地面建筑的开始。藏寨所处的金川河谷总的气候特征表现为气温日较差大，年变幅小，雨热同季，干季多大风。甲居藏寨的住宅从取材、设计、内部结构到外观装饰，是当地藏民与自然长期相互依存和民俗信仰文化的历史发展体现。

藏寨建筑的空间结构既包含着一定的功能哲学，也与周围的自然环境息息相关。藏寨地处河谷旁边的坡地，是一个有着相对坡度的地理位置。在这样的情况下，建筑的底层采取利用原生岩石为墙的做法，既可以适应坡度，保持建筑的整体平衡，使得构造更为合理，也可以节省建材。相应的，缓坡为群山所环绕，海拔大约在2800m，日温差较大，河谷多风，所以建筑开窗较小，以起到避风、保暖的作用。但群山环抱的狭窄河谷中如果采取封闭的石质建筑，固然可以起到御风、保暖的作用，但也限制了屋内的采光，影响起居。天井、晒台的设计则有效地解决了采光不足的问题，很多生产生活便得以在晒台上完成。坡地本身土地有限、地面不平的客观环境，也决定了建筑向高层发展，而不是平面铺展，以达到增加空间的目的。深山峡谷中，目力所及之处有限，为了便于眺望，当然要有一定的高度。藏族传统民居——碉楼的一个重要作用正在于此。

藏寨建筑的外观设计上更多地体现着民族信仰、习俗、审美特征，藏寨的建筑色调和装饰风格是历史变迁和融合的结果。屋横梁上富丽堂皇的装饰大多反映的是宗法故事和民间传说，但是追溯一下这些传说产生的历史渊源，便会发现其中的自然环境语言。例如，长期生活在高山峡谷中，举目皆是相对海拔超过2000m的险峻大山，不时发生的自然灾害给当地居民留下了心理烙印。这些自然印象逐渐形成了当地居民对山的崇拜，宗法文化的影响加深了当地居民对山的关注，在藏寨即能看见的墨尔多山已经被不断地加工和流传，成为藏区著名的神山。这些对周围环境的意识会逐渐反映到日常生活和信仰当中，并成为艺术取材的对象。外观的装饰还与当地出产矿石不无关联，特别是云母矿的利用，已经成为当地民居中一道独特的景观。由于建筑屋顶四方平顶，几乎没有倾斜，为了保证雨水不蓄积于屋顶，于是便用木料和泥土创造一些小的倾斜面，并在屋顶四面沿墙一尺来高的地方凿开几个小洞，以方便渗水。

藏寨建筑的布局是村寨南、西、北三面均为低山环抱，整体的建筑布局均为向东的一致朝向，以起背风向阳的作用。此外，山坡陡坎不平，各自选择一块较为平缓的阶地是合理的选择。几户人家聚集在一起，除了便于防御或互助外，也是出于靠近自家土地的需要。

（四）自然环境对徽派传统民居的影响

明清时期的徽派传统民居建筑是徽派建筑的典型代表之一。国内外建筑界对徽派民居建筑高超的技艺、优美的造型、奇妙的构想、实用与观赏融为一体等特征赞叹不已。徽派传统民居无论在选址、用地、材料，还是结构造型、装饰上，都显示出与徽州的自然环境和谐统一的特点。徽州群山遥遥，丘陵连片，平地很少，梅雨季节常有暴雨洪水危害，夏秋之交常有旱灾出现。在这种自然环境下，徽州民居选址特别注意趋利避害，善于巧妙地利用地形和自然水系，多依山傍水而筑，或枕山傍水，或倚山跨水，既有地势高爽，无暴雨山洪毁房塌屋之危，又以青山为屏，坐北朝南，得背风向阳、朝向良好之利，还取自然水系之便，少生活取水困难之虞。徽州民居门向坐北朝南，北墙不开门或开小门，实际上是对我国位于北半球的地理条件和位于季风区的气候条件的适应和改造，有利于采光、避寒和消暑。门向朝南，夏季太阳高度角大，室内不易被照射，避免室内温度升高；冬季太阳高度角小，阳光可以照射室内，有利于提高室温。门向朝南，同时还有利于夏季东南风或南风进入室内，加上天井或后门，可以形成过堂风，既带走潮气，又可解闷祛热。北墙不开门或开小门，当冬季寒冷的偏北风吹起时，强劲的寒风不易进入，从而有利于室内暖气聚积。徽州平地有限，民居建筑用地极为节省，房屋盖在坡地上习以为常。从平面布局看，单幢建筑规整，多幢建筑组合方式因地形而异，布局比较自由，有别于官僚府邸，或前后递进，或左右相连，或纵向加接，或横向交错，巷道狭窄，宅基地通常占村庄用地的 90%，土地利用率极高。为了节省土地，徽派传统民居建筑多为二层楼房，外墙出短檐或者几乎不出檐，以利于房屋之间贴连。有的成片民居群的巷道也一道多用，上面行人，下面或一侧是暗式水道。

徽派传统民居建筑立体造型是徽州灵山秀水的反映，是徽州"群山环抱、盆地居中"地形结构特点的真实写照。俯瞰单幢徽派传统民居建筑，周高中低，和徽州地形结构特点别无二致。徽州传统民居建筑立面造型丰富多彩，互有差异，但山墙多是高于屋脊的层层跌落的马头墙。外墙只开少数小窗，甚至不开窗，恰似徽州外围群山，对外交通不便，出口少，一般给人一种十分闭塞且与外界隔绝之感。可是进民居大门便是一方天井，条石铺地或设鱼池，或置盆景，或叠假山，或放石桌，把自然山水缩于壶天之中，透过天井，举目可见日月星辰、风云雨雪，小中见大。有如人们穿过徽州外围群山，进入休（宁）屯（溪）歙（县）盆地，青山绿水，诗情画意。徽派民居给人们带来的感受，如同外人初入徽州时那种感受一样，先是"山重水复疑无路"，继而"柳暗花明又一村"。徽派民居建筑外部色彩与徽州地理环境保持着一种天然的默契或协调。乍一看，色彩单调，并无多少和谐之处，但从它所处的特定背景看，远远望去，在蔚蓝色天空的映照下，粉墙黛瓦的村落衬以起伏不断且颜色因季节而异的群山，黑色小窗点缀于白色高墙之上，形成颜色与大小的强烈对比，民居群因地形高差显现出不同层次和高低轮廓，阶梯状起伏的马头墙形成韵律感，潺潺碧流与远山近宅互为烘托，动静交融，有如一幅山水画卷，一切都显得那么恰到好处。

四、中国传统民居建筑与自然环境的融合

任何艺术形式在表达和呈现美的过程中，与环境的相互关系都不如建筑艺术与环境的关系那样紧密且不可或缺。建筑这一凝固的艺术品，一旦脱离了其所处的自然环境或人工环境，其意义与价值便会大打折扣，甚至失去原有的生命力和语境。这是因为自然环境中的美具有独特性、多样性和生命力，它包含了地理特征、气候影响、植被分布、水流形态等多种元素，这些元素共同塑造了大地景观的韵味和魅力。在建筑设计中，对自然环境的尊重和利用是至关重要的。建筑师会深入研究场地原有的地形地貌、气候条件以及植被状况，力求使建筑物的形态、色彩和功能与自然环境相得益彰，而不是简单地对其进行改造或破坏。这种将自然环境之美融入建筑设计的过程，不仅是对自然资源的合理利用，更是对人与自然和谐共生关系的深刻理解和实践。当建筑师从自然环境中汲取灵感，巧妙地运用在建筑设计之中时，建筑物便不再仅仅是砖石混凝土的堆砌物，而是成为大自然的一部分。例如，通过模仿自然地貌的起伏变化，或者借鉴水流线条的流畅灵动，抑或是直接采用当地

特有的植物元素进行装饰，都可使建筑与自然环境形成一种视觉上的和谐统一。此外，建筑与环境之间的互动关系也是形成美的重要元素。建筑物的布局、朝向、开窗等都应考虑到当地的气候特点、光照条件等因素，使得建筑能够与自然环境进行能量交换和信息交流。当人们在建筑物内生活或工作时，能够感受到四季更迭、昼夜交替带来的舒适感，这正是建筑与环境完美融合所带来的美妙体验。

中国传统民居建筑以自身的形式变化，使自然条件发挥较大的作用。中国传统民居建筑的群体或单体布局都应注重因地制宜、充分利用建筑的外部空间，形成不可分割的外部环境。外部环境成为人类居住行为不可缺少的部分，同时最能体现人与自然的关系。古人没有强大的改造自然的能力，只能依赖自然并在不对自然要素做重大改变的前提下，去适应自然，对其进行最佳利用，建构安全舒适的居住环境。人无论生产或生活都离不开水，建筑选址要在靠近水源的地方，且非常重视对水的利用。例如，安徽黟县宏村的理水方式堪称一绝。该村汪氏祖先在风水先生的指导下，规划并建造了以水圳、月沼、南湖为主要水系的牛形村落塘渠水利设施。即开凿一道两尺余宽的水渠引溪入村，九曲十弯绕宅院前或穿宅而过，流经村落中心的半月形月沼，再往南注入南湖。这独特的水系设计使得家家门前有清泉，不仅为宏村解决了生活和消防用水问题，而且能适度调节小气候，为居民生产生活带来极大便利。这种别出心裁的村落水系设计体现了"天人合一"的中国传统哲学思想和对大自然的向往与尊重。

中国传统民居建筑布局常以院落为中心构成单元的基本平面格局，较好地协调了人与自然的关系，有力地解决了日照、通风、保湿、隔热、反光和防噪等问题。院落式的基本布局形式和高度不大的外观，使传统民居很容易与大自然融为一体。由于传统民居的营造注重顺应地形和原有的环境，不随意砍伐山林，不占用农田，不随意大片地平整土地，因此与自然非常协调，像是地面上长出的生物一般。例如，东南丘陵的民居建筑随地形变化而随高就低，曲折蜿蜒，与自然环境巧妙结合。在古代不可能大规模地改造自然环境，人们尊重自然环境，努力使住宅建筑与之适应。建筑以环境为依托，以环境为背景，根据自然条件将建筑融入环境之中，体现了中国传统的"天人合一"的环境观，体现了"道法自然"的道家精神，反映了浓厚的环境意识。与大自然和谐相处是中国传统民居文化的基调，但这种统一和谐又不乏变化，这才使传统民居在景观上富有勃勃生机，有的甚至具有诗情画意。总之，以与自然环境有机结合而富有特色的建筑形式为审美对象的审美观，内涵极其丰富，除了视觉上体现出统一和对比等形式美之外，还包括了中国传统民居建筑与自然环境以"和"为美的审美思想。

我国地理环境的多样性为我国的建筑文化注入了丰富的内涵。各地的气候条件和地形地貌相互影响，使得中国传统民居建筑在适应自然环境的过程中形成了各具特色的形式和格局。无论是南方的骑楼、庭院，还是北方的四合院、窑洞，都充分体现了建筑与环境的和谐共生。这些民居建筑不仅在形式上独树一帜，而且在材料选择上也极具地方特色。例如，南方地区多使用竹木、石材等自然建材，形成通风透气、防潮耐热的独特效果；而北方地区则常采用土坯、木材、砖石等材料，构建出保暖性能良好的居住空间。这些富有地方特色的建材和营造技艺，不仅赋予了民居建筑独特的乡土气息，也体现了中华民族尊重自然、因地制宜的智慧。

第三节　中国传统民居建筑与气候环境

由于不同气候区的太阳辐射、温度、湿度和风等各个气候因素不同，为满足人的舒适性要求，建筑的布局以及功能组织、空间形式、构造等方面显示出对气候的适应性。肯尼斯·弗兰普顿曾经说过，在深层结构的层次上气候条件决定了文化和它的表达方式、它的习俗和礼仪。无论是原始的穴居和巢居，还是文明时代的乡土建筑都表现出适应气候的要求和特征。建筑在最大限度地庇护人类的同时，也保护了人类生存的环境。

中国不同地域的地理、气候、文化有着很大差别。千百年来，在与自然的不断抗争和适应过程中，人们总结出了民居建筑与当地环境和谐共生的营造方式。在这些纷繁复杂的民居形式中，院落式的布局始终占据了重要的地位。纵向地看，它贯穿了整个传统民居发展历史，追溯历史，陕西岐山县凤雏村的发掘遗址出土的汉代画像砖上描绘了非常完整的院落民居形象。横向地看，我国除西南地区应用干栏建筑体系的少数民族建筑采用单幢建筑外，全国各地皆分布有院落式布局的民居。由此可见，建筑以庭院为中心的围合组织，外围以墙，内联以廊的这种方式成为中国传统民居最基本的形式。

院落中的庭院作为室内与自然环境的优雅过渡，能够自由地接纳阳光与雨水的恩赐。根据当地的气候特点，巧妙选择并设计庭院的形式，不仅能确保室内拥有充足的光线，还能促进空气的流通与循环，有效排水，从而阻止外界污染侵入室内，维护室内空气的纯净与清新。这样的设计在应对恶劣的外界环境方面发挥了积极作用，成功营造出一个宜人的微气候空间。

一、不同气候区的传统民居建筑

中国地理气候条件呈现出显著的多样性。从东至西，从南到北，随着经纬度、地形地貌以及季风环流等因素的变化，各地气候条件呈现出巨大的差异。例如，在东北地区，冬季严寒漫长，夏季温暖短暂；而南方地区则呈现出四季温暖、夏季炎热的特点。为了抵御恶劣气候的影响并创造舒适的居住环境，人们在构建居住空间时必须充分考虑地理气候因素。通过分析各地区的气候特征，可以总结出我国主要的气候区域及其对应的民居设计策略。

（一）严寒气候区的传统民居建筑

中国东北属于严寒地区，气候寒冷且干燥，冬季漫长寒冷，常有风雪天气，所以民居建筑的主要特点是防风防寒，这是最重要的问题。东北民居建筑主要是以保温、防寒和采暖为特色，院落非常宽敞，能充分接纳太阳辐射。房屋在院子中分布，间距较远。每栋房屋都可完全暴露在阳光下，避免处于相邻房屋形成的阴影中。建筑外墙厚实且院墙低于屋脊，朝南窗户开得特别大，朝北几乎不开窗，或开小窗。这些建筑上的特点都是为了能在冬季获得尽量多的日照。寒冷地区的建筑密闭性非常好，有的地区还采用双层玻璃以加强窗户的密闭性和保暖性，避免冷风渗透，以保持室内温度。东北民居的室内布置的典型特点是房间一般两间为一套，内间是卧室，以炕代床。炕是用砖和泥砌成的，上铺炕席，横贯内屋南侧，炕中部有火道，一头通外间的灶，一头通烟囱。每天三餐饭，再加上烧水，就把炕烧暖了。白天，南窗又充分接受了丰富的太阳热量，所以即使天天都是零下二三十度的严寒，也不再需要专门的取暖设备了。除了火炕以外，我国北方各地农村冬季还有地炉、火墙等其他取暖方式。

（二）寒冷气候区的传统民居建筑

北京地处我国华北地区，属于寒冷气候区。冬季寒冷干燥，夏季炎热多雨，春季多风沙。四合院的中心庭院基本上为一个正方形，宽敞开阔。东、西、南、北四个方向的房屋各自独立，拉开一定距离，以充分接收日照，获取光热。各屋舍之间由转角处的抄手游廊和屋前檐廊串联起来，便于雨天穿行。院落由房屋墙垣包围，墙体厚实，较为封闭，仅通过院门与外界联系，有利于防风防沙，营造舒适的内部环境。院门东南向，防风向阳。

关中地区地处黄土高原，也属于寒冷气候区。冬季寒冷，夏季炎热，日照充足，且常年受到黄土高原西风的侵袭。院落呈纵深方向布置，南北长，东西窄，形成狭长院落。这种平面组织形式使得房屋和院内空间在夏季大部分时间处于其他房屋的阴影中，避免夏季强烈的太阳辐射。窄长的院落空间也形成了风的通道，可形成良好的自然通风。此外，东西厢房和最南侧的倒座多为向院内倾斜的单坡屋顶，屋脊高度即为院墙高度。高耸的厢房屋顶既遮挡了太阳辐射，也防止了冬季寒冷西风的吹入。

（三）夏热冬冷气候区的传统民居建筑

湿热地区的气候高温多雨，常年潮湿。湿热气候区传统的民居建筑往往表现出轻盈和通透的特质，这是与高温、高湿的湿热气候相适应的。江南地区属于夏热冬冷气候区，冬季较冷，夏季炎热，雨量充沛，日照时间较长。江南地区院落空间，因庭院面积较北方地区大大缩小，房屋之间连接也更为紧密，而被称为"天井"。江南民居院落空间多呈横长形，进深较浅，面积不大，但因高度较高，由于热压通风作用，通风量很大。房屋净高较大，屋内宽敞通透，朝向庭院一面可以完全向庭院敞开，即"敞厅"的做法，从而形成良好的对流通风，起到换气、降温和除湿的作用。院墙往往高于屋脊，屋面纵横交错，互相遮挡，形成阴影，避免夏季阳光暴晒。屋面出檐深远，利于排水，避免雨水对墙面的冲刷，适应当地湿润多雨的气候特点。

（四）夏热冬暖气候区的传统民居建筑

广州位于中国南部的珠江三角洲地区，属于亚热带季风气候区，冬无严寒，夏无酷暑，四季温和，太阳辐射强烈。这里的气候特点表现为高温、潮湿、多雨，其中夏季炎热，经常受到台风的影响，冬季虽然暖和，但偶尔会有寒潮侵袭。广州的民居建筑充分适应了这种气候环境，在设计中充分考虑了通风、防晒、防潮等功能需求。其平面布局相较于江南水乡的民居更为紧凑，这是因为其地理位置和气候条件不同所导致。广州的民居多采用廊、门、檐廊等过渡和联系空间，这些设计元素不仅增加了建筑的层次感和立体感，也使得建筑更加通风透气。同时，屋顶和院墙产生的阴影可以为院内空间和建筑提供遮阳效果，避免阳光直射带来的炎热和不适。民居建筑多采用楼房，上下空间联通，门窗多向天井敞开，使室内外空间形成一体化的感觉。这种设计使得室内空气流通更加顺畅，有助于调节室内温度。天井小而高，常常采用一前一后、一大一小两个天井的形式，主要利用热压原理组织庭院和建筑通风。这种设计可以在夏季将热空气和湿气排到室外，保证院内和建筑内部舒适凉爽的环境，在冬季则可以将冷空气排到室外，保持室内温暖。

（五）温和气候区的传统民居建筑

云南昆明地处温和气候区，昆明地区海拔 1500 ～ 2800m，全年气候温和，夏无酷暑、多雨，太阳辐射强度高，风大。昆明"一颗印"民居是以天井为中心，由正房、东西厢房及入口门廊组成的封闭四合院。天井狭小如井，是最小形制的天井。所有房间均朝向天井采光通风，外墙大多不开窗，可阻挡高原大风侵袭，在保证院内舒适环境的同时具有良好的防御性。"一颗印"庭院面积虽小，但阳光充足，日照较好，适应了昆明地区纬度较低、海拔较高、太阳高度角较大的自然气候条件。

（六）干热气候区的传统民居建筑

干热气候区太阳辐射强烈，空气干燥而且风沙较大，白天与夜晚温差大。我国新疆的吐鲁番盆地的夏季地表温度常超过 70℃。因此当地的传统民居往往采用一种内向封闭式的防热方式来减弱太阳的暴晒和抵御风沙的侵袭。其典型的布局方式是围绕一个内院布置房间，所有的门窗都朝向内院采光和通风，建筑的外墙非常厚实且很少开窗。所以干热地区的传统民居建筑常给人一种简洁、浑厚之感。

就像湿热气候区的传统建筑空间一样，干热气候区民居的传统空间形式也强调阴影空间。为了躲避干热气候区强烈的太阳辐射，当地居民尽可能地将生活空间设置在建筑产生的阴影里，由此产生了很多独特的阴影空间，如以葡萄架来限定的阴影空间、由幽深的檐廊产生的阴影空间以及由檐廊围合的内院等。干热地区的村镇，特别是一些古老的聚居区都有一个共同的特点：街道密集，房屋一间挨着一间，迷宫般的小巷穿梭其间。这种密集的建筑群体关系也是适应干热气候的产物。例如，新疆喀什的传统街区，因为相互紧靠的房屋暴露在阳光下的墙面减少，室内的温度受室外气候影响也相对减小。

从以上实例不难看出，气候是生态系统中的一个非常重要的因素，传统建筑与气候的关系是十分密切的。建筑作为人类的庇护所，把人、建筑和环境紧密地联系在一起。不论是作为主体的人还是作为客体的建筑及其环境，都是整个生态系统的有机组成部分，它们协调共生，表现出对特定环境的适应性。

二、气候条件对中国传统民居建筑的影响

（一）气候条件对中国传统民居建筑功能的影响

在气候条件的影响下，我国传统民居在功能上有明显的区别。在寒冷干燥的北方，民居的主要功能是防寒保暖，以北京的四合院为例。由于华北地区春季多风，所以在建设房屋中防寒保暖是首先要考虑的因素，华北地区的住房大多是面南背北的布局方式。从平面上看北京四合院的中心庭院基本为一个正方形，其他地区民居却有所差异。北京四合院的东、西、南、北四个方向的房屋各自独立，东西厢房与正房、倒座的建筑本身并不连接，而且正房、厢房、倒座房等所有房屋都为一层，没有楼房，连接这些房屋的只是转角处的游廊。

在温暖多雨的南方，民居的主要功能是遮阳、避雨、散热、通风、防潮。以福建的土楼为例。土楼的布局都是坐北朝南，在建筑上背阴向阳，这是因为冬季刮来西伯利亚的寒冷的偏北风，因而气温较低，而南面朝阳是因为吹来自海洋的偏南风。由于地处亚热带季风性湿润气候区，降水丰沛且空间分布不均，当雨季来临时，其"人"字形屋顶就起到至关重要的作用。其屋顶的外坡比内坡长，有利于阻止雨水下渗到土墙而引起倒塌。

（二）气候条件对中国传统民居建筑密度的影响

由于我国南北跨度大，民居建筑在南北方向上的间距呈现出明显的变化。在北方，由于冬季寒冷干燥且时间长，为了确保每栋民居都能得到充足的阳光照射，避免因相互遮挡而采光不足，民居的间距普遍较大。此外，这种建筑格局也反映了我国居民对生活环境的独特追求。在北方地区，由于冬季需要充足的阳光驱散寒冷，居民往往会选择将房屋坐北朝南，以便最大限度地利用太阳辐射热。同时，为了适应严寒的气候条件，北方民居往往具有较好的保温性能和较高的建筑密度，以利于集体供暖和节约能源。而在南方地区，由于气候湿润、炎热，居民则更倾向于利用自然通风和遮阳来改善居住环境。因此，南方民居通常具有较低的建筑密度，建筑物之间的间距较小，形成了"外实内虚"的空间格局。这种格局不仅有利于改善居民的生活环境，也有利于形成丰富多彩的城市风貌。例如，在北方常见的四合院建筑中，由于南北间距较大，院落内部空间开阔宽敞，便于居民进行户外活动，如晾晒谷物、举办庆典等。而在南方地区，由于建筑间距较小，院落内部空间相对狭窄，往往只作为通道或种植植物、饲养家禽等，形成了与北方截然不同的生活场景。

（三）气候条件对中国传统民居建筑屋顶坡度的影响

在我国，屋顶的形状通常呈现出"南尖北平"的特点。民居屋顶的坡度从南向北逐渐减缓，这一现象背后反映了我国南北气候和环境的显著差异。北方气候干燥、多风，为了应对这样的气候，房屋设计时需采取相应的措施，例如，屋顶不会设计得太尖太斜。而南方则多雨湿热，为了通风散热，屋顶设计成便于雨水流出的形状。由此可见，无论是南方的通风散热还是北方的保温保暖，建筑都是从适应环境、提高居住舒适度的角度出发的。

（四）气候条件对中国传统民居建筑外墙颜色的影响

南方阳光照射强，气温较高，加上阳光反射等原因，为了减少墙体对太阳辐射的吸收，达到降温的目的，外墙多为白色。相反，北方光照弱，气温较低，出于吸收阳光的需求，外墙多为灰色，这是为了增加墙体对阳光辐射的吸收，达到增温的目的。以安徽民居水墨田园为例。走进安徽境内，令人印象最为深刻的是那些白墙黑瓦和建筑构件中各种精美的雕刻。而山西王家大院院内大大小小的建筑群的墙体颜色在整体上大都是灰色的，这样在冬季可以提高院内的温度，提供一个相对舒适的环境。

（五）南北方气候对中国传统民居建筑样式的影响

由于我国北方气候寒冷、干燥，北方建筑的造型与屋内设计大多强调厚重与朴实，在用材上多选择以砖、石为主的建筑材料；而南方湿热、多雨，建筑强调清新通透，立面多为浅色的风格，在建筑材料的选择上大都是涂料、木结构、仿木结构、钢结构等。

我国北方窑洞式民居利用黄土的特性，在一定程度向内纵深掘进，挖成拱形窑洞，同时施工技术和工具简单，无须贵重的建筑材料就能获得防风避雨、冬暖夏凉的功能。其主要分布在我国西北、华北及河南等黄土层较厚的地带。我国福建民居以室外院落为主，大厅和天井之间没有隔断，完全通畅。天井周围是敞廊或较大的出檐，给人以整体统一的视觉感受。另一特点表现在建筑内部装修重于外部，大厅表现最为突出。大厅内部高敞明亮，梁栋暴露，木穿斗结构本身有韵律的穿插及流畅的曲线型月梁与竹编白灰间壁的对比，构成了强烈的装饰效果。

我国传统民居建筑真实地反映了当地的气候、传统文化等因素。传统民居建筑在满足社会文化需求的基础上，还必须重视与当地环境的协调发展。通过对传统民居建筑的深入研究，我们可以清晰地了解气候的变化，并结合当今时代的特点吸收传统建筑的精髓，为现代建筑设计添砖加瓦。

第四节　中国传统民居建筑与地方材料

材料为建筑的物质基础，其选择对于建筑的结构设计、风格塑造以及整体效果具有决定性的影响。不同的材料有各自独特的物理特性、可获取性、耐久性和文化象征意义，这些都会直接反映在建筑的结构设计和外观表现上。例如，中国传统民居建筑在材料运用上就充分体现了经济性、生态性、安全性的原则，并形成了独具特色的建筑风格。中国传统民居建筑在材料选择上，倾向于利用当地易于获取且经济实惠的天然材料。木材因其良好的可塑性和环保性，被广泛用于木构架结构中，不仅增强了建筑的稳固性，也赋予了建筑一种温馨和谐的自然气息；石材和生土则常用于墙体和地基，其耐久性和稳定性使居住环境安全可靠；沙土等天然材料则可能用于制作砂浆或混凝土，增强了传统民居的整体强度。

一、中国传统民居建筑的材料选择

（一）中国传统民居建筑木材的选择

中国古代选择木材作为主要建造材料隐含着多种内在因素。从物理性能上来说，木材对于瞬时破坏抵抗较强，具有极好的延展性，因此可以看到，多数木构建筑在地震的破坏下都可以保持稳定，而在节能方面，木材的透气性能较好，对于室内环境的调和也能起到一定作用。木材是良好的可循环使用材料，可确保对环境的破坏程度降到最低。传统民居建筑善用材料的原有特性，保留其本质和自身的曲线特征，更好地适应受力结构。例如，常在民居中见到弯曲的梁。

（二）中国传统民居建筑生土材料的选择

生土建筑应是最早出现的建筑形式，在商代遗迹中便有存留。其虽在后期的发展中逐渐没落（相对于木材而言），但"土木"之说仍沿用至今，可见其在传统建筑中不可忽视的地位。我国目前现存并使用的传统生土民居建筑，如福建一带的土楼、黄土高原的窑洞。但其建造方式又有不同。以窑洞为例，对生土建筑材料之选用进行分析。窑洞对于土地资源的节约几乎达到了100%，不同于当代"建筑占据城市主体"的现状，窑洞作为环境的背景出现在广袤的黄土高原之上。在土地资源如此紧缺的当代中国，应对绿色建筑设计加以重视并提取其中的深层内涵加以利用。

（三）中国传统民居建筑毛、竹、草、芦苇等材料的选择

毛、竹、草、芦苇等材料在传统民居建筑中的使用具有一定的局限性，并且多用来做建筑屋顶，因为这种材料轻，便于拆卸、更换、重组利用。若作为围护结构，则需要二次加工，并且要与其他材料相辅相成。这些材料普遍出现于少数民族地区，如内蒙古自治区的蒙古包民居建筑、海南黎族的海草房民居建筑、云南傣族的竹楼。这类材料都是当地特有的建材选择，并且产量丰富，质地较为柔软，拉伸性能强，具有较好的保温性能，因此也常被用来做屋顶保温层的构造。

尤其是蒙古包的建造，其特殊的地域性、游牧民族的特点和生活

习性，造就了蒙古包建筑对于材料性能的充分发挥。这种运用是与建造基地的选择、多种材料的配合相辅相成的。蒙古包古称"穹庐"或"毡帐"。《黑鞑事略》中记载："穹庐有二样：燕京之制，用柳木为骨，正如南方罘思，可以卷舒，面前开门，上如伞骨，顶开一窍，谓之天窗，皆以毡为衣，马上可载。草地之制，以柳木组定成硬圈，径用毡挞定，不可卷舒，车上载行。"毡毛皮这样的材料耐腐蚀性强，不易损坏，更适合野外携带、搭建。并且所有的材料都可以降解处理，加入新的生态循环之中。这可以说是绿色建筑设计的典范。

（四）中国传统民居建筑石材、砖瓦的选择

石材、砖瓦等材料在传统民居建筑中多作为辅助材料。但近年来，对于砖瓦材料的研究逐渐增多，并且出现了一些以砖瓦为概念的公共建筑。

砖瓦具有强度高、抗冻性能好、耐腐蚀、不褪色、寿命长等特点，并且同样易于获取。不同于现代建筑屋顶整体式的设计，选择瓦片作为屋顶覆盖层正是看到了单元化的特点，重复的叠加便可以形成具有层次感的形态并满足排水需求。正因为单元瓦片小巧且易于施工、拆卸，所以建造更加省时省力，并且可做部分更换，有利于长期利用。

二、中国传统民居建筑与地方材料的结合

环境空间的集合体是由每一个建筑单体构成，是人类凭借一定的物质材料按照一定的建筑方法构建而成。因此，地方材料作为建筑的构成体，必然会对建筑单体、村落布局和视觉效果产生直接的影响。在村落修建初期，有限的人力、物力、财力决定了村落的修建必须就地取材，以节省开销。建筑材料往往决定着建筑的构建方式，而构建方式也直接表现为建筑的外在形式。

（一）北方传统民居建筑与地方材料的结合

山西省东部的太行山脉，大多数为石头山，按石质分为青石、红砂石、石灰石等。由于石料普遍，依照就地取材节省开支的原则，故砖石住宅较多。山西太行山区民居形式大多为单门独院，有门楼和两面坡屋顶。此外，其还多见砖雕等装饰。山西省西部的吕梁山脉以黄土、丘陵为主，土质黏性好、强度高，加上当地气候条件干燥，地下水位低，因此当地民居广泛采用窑洞式住宅，运用"减法"削减黄土坡壁上原有的土方而形成可供居住的空间。窑洞有崖窑、地窑和箍窑三种。崖窑：沿垂直的土崖横向掘进的窑洞，每洞宽 3～4m，深 6～9m，壁高约 3m，窑内顶面呈半圆拱状。并排的窑洞之间可由横向的隧洞相通。地窑：在缺少天然崖壁的地段，选择平坦、坚硬的平地掘出方形或矩形地坑，再在地坑各壁横向挖掘形成窑洞。箍窑：严格地讲，它不算真正的窑洞，是以砖或土坯在平地上仿照窑洞的形制修建而成的窑洞式的房屋。箍窑可为单层，也可建为楼。黄土窑洞就地取材，掘土成窑，不但节省了大量的木材和石材，而且热传导性能稳定，窑洞内冬暖夏凉，适宜居住。因此窑洞成为晋西北至整个黄土高原地区较为主流的民居形式。

砖、瓦及木材也是山西传统民居中经常采用的建筑材料，尤其是在中部地区的平川。这些地域地理位置相对优越，经济发达，建筑技术也较山区更为先进，建筑中人工的痕迹也相对多一些。因此，村落与建筑形态更加美观、齐整。

在经济与科技飞速发展的今天，建筑材料日新月异，新材料、新工艺不断涌入建筑材料市场，天然的建筑材料正逐渐被工艺技术更为先进的现代材料所取代。但在区域经济发展速度不平衡的背景下，一些落后的偏远山区依然保留着传统的建筑模式，天然的建筑材料和传统工艺仍然在这些地区保持着顽强的生命力。即使经济和科技发展了，天然的建筑材料以其优越的环保性能，仍然是现代材料所不可替代的。

（二）南方传统民居建筑与地方材料的结合

江南传统民居使用的建筑材料有土、石、石灰、蛎灰、砖、瓦、竹类、芦苇、稻草、桐油、生漆等。它们都是天然的生态材料，从结构用材到装修用材都十分注重环保。

1. 土、石

江南绝大多数地区的土壤适合夯筑，夯土墙和灰土地面在民居中占有很大比重。尤其在浙江东部、南部山区和丘陵地区，如浙江云和、景宁、新昌等地，其使用普遍，而且质量也好。泥土是民居建造大量使用的免费材料，也是最原始的建筑材料，并且可以免除建筑基地平整土方后清运泥土所带来的新的污染和额外资金负担。材料的准备以及建造只需要"低技术"和极少量的能源消耗。夯土墙建筑有整套工具和建筑方式，有一定的施工质量要求。夯土墙筑成的房子冬暖夏凉，宜人居住，所以夯土建筑在旧时江南随处可见。现在江南地区的城乡都已经普及钢筋混凝土的砖石建筑。土建筑日益稀少，夯土工艺正面临失传的危险。

石料是天然的、传统的建筑材料。花岗岩、砂石、卵石等在江浙一带分布很广，最主要是作地基、铺地和筑房材料使用，如石柱、石围栏、石阶等。鹅卵石铺地在江南园林中使用得最为广泛，传统民居的地道和天井也如此使用。现将江南地区所特有的石材使用方式阐述如下。在江南丘陵地区，常将天然中型卵石稍加切割后筑墙。使用方式一般有两种：一种为墙体中下部都用稍加切割的中型卵石筑墙，上部再夯土坯墙，上部夯土墙由于由屋檐遮掩，不惧风雨，而墙体中下部用切割的中型卵石筑墙，比土砖构造更加坚固。另一种为墙体都用切割的中型卵石筑成。此种筑墙方式在临水靠滩的丘陵地域最为广泛，就地取材，用之不竭，肌理丰富，造型各异。于是这类建筑成为山清水秀、小桥流水的江南地区特有的人文景观。江浙的丘陵山地盛产花岗岩、砂岩等石材，于是当地居民将其加工成石板，小型者如同土砖，筑墙时将其一块块竖向和横向排列而成，极富构成感和节奏感。在浙江东部天台县的城乡地区，此种筑墙方式最为常见。平原地区有将 1m 左右、厚度 20cm 以上的长方形石板放在墙体下部，墙体由此可以免受洪水的侵袭。石雕漏明窗也是江浙地区民居一大特色。其一般装饰在厨房、围墙和外院墙上，具有防火、通风换气、采光和美化作用。图案大都取材于福、禄、寿、喜等喜庆吉祥的纹样；也有几何纹样，如套环、回纹、方胜等样式；还有动植物和自然纹样，如龙纹、蔓草、云纹、结带等。它们样式丰富，变化多端，富有民族、民间特色，成为民居建筑外观的装饰重点。在宁波地区的镇海、慈溪、宁海前童古镇，尚存在很多明清时期的石雕漏明窗，江苏同里、周庄等地也有一些遗存。另外，石材也广泛使用在门窗框加工方面，如以薄石板精细加工、上篆纹样作门框、抹棱石板作挑檐等，在整个江南地区的民居和园林建筑中大量使用。上海的传统民居石库门是其代表。

2. 石灰、砖瓦

石灰在江南普遍用来粉刷墙壁。"白墙黛瓦、小桥流水"是江南的风景特色。石灰还有消毒净化作用，江南民居在掘井挖基时常洒一些来净化环境。另外，在浙江沿海宁波到温州一带，常用牡蛎壳烧制成的牡蛎灰做砌砖的灰浆。江南地区丘陵纵横，植被丰裕，使得沿坡建窑变得便利，所以砖瓦烧制在江南各处都有。砖瓦多为就近生产，除了筑墙盖房，还作铺地材料，在院落里单独或者与鹅卵石等天然建材组拼成各式纹样图案。由于其透水性和耐磨性极佳，在苏州、无锡等太湖地区的村庄公共道路、私人院落和天井中到处使用。而在苏州、无锡、南京地区，民居室内往往是青砖铺地，规格多样，有隔潮、去湿功能，使人居环境舒适清爽。

江南地区传统民居深受徽派建筑的影响，砖雕于是也成了其中的特色。民居砖雕最多应用在门帽、仪门、影壁上。其花样复杂，题材以富贵吉祥图案和纹样为主流。在江南地区的传统民居中，随处可见用砖瓦拼砌花漏窗，其协调大方、引人入胜。还有用砖瓦拼砌花瓦墙头。花瓦墙头虽然不是江南民居所特有，但是在江南民居建筑中使用得巧妙，有独到之处。江南民居建筑常将花瓦墙应用在参差起伏的外墙和山墙上，以减轻风压和自重，而且使建筑外观构图丰富、空间通透、极其美观，是功用和审美结合完美的范例。杭州、宁波、湖州、苏州及周庄、同里等地传统民居常使用有磨砖护面的库门，起到防盗、防火的功效。此外，在大门两侧墙面和窗沿常做水磨贴砖，有利于保护墙体，同时更加整齐气派。民居建材常常在建筑翻新或者重建时得到重复使用，即使破损的砖瓦也能敲碎了作为三合土用于地基材质中。

3. 竹子、芦苇、桐油、生漆、木料

南方盛产竹子，品种繁多，建筑所用主要为毛竹。浙江湖州安吉、绍兴新昌、台州临海、宁波宁海等地为其主要产地。竹子、芦苇、稻草等植物材料在江南民居建筑中一般作夯土墙的集料使用，可以使墙更加坚固耐用；也有用竹材破剖成长条编成竹笆作为围墙、外墙的；另外，可以将其编织成窗间墙的防护网或护墙板；或者做成框钉竹条变成护窗板。在浙江的宁波和金华乡镇，普通民居更多地在房屋的柱间加木骨，骨间编插竹篾，再抹土灰，涂石灰成白薄墙作隔墙；也可以将这些材料加工成各种建筑构件和各种样式的家具、器具，尤其是竹制家具在江南广泛使用。人们将竹料烤弯成型，解剖成篾，钻孔，加工成各种样式的椅子、桌子、卧具、躺椅、碗柜、摇篮等家具和篮子等盛器。浙江湖州、绍兴地区常见用竹丝镶嵌成的"人"字形、回纹形大门。这增强了使用频繁的大门的防腐和保护作用，并且很好地利用了材料的材质美感。芦苇、麦秸、稻草也是江南民居屋面构造时常用的建材。或者在椽条上挂望砖，或者用粗编竹席、杉树皮、芦苇、麦秸、稻草等垫层以后再挂青瓦。这样防漏隔热，十分管用。也将芦苇、麦秸、稻草等加工编织成褥子铺在竹板床上，上面再铺草席或者竹凉席使用，舒适保暖，清洁隔潮。芦苇、麦秸、细竹篾也常被编织成窗帘、门帘等，用于室内外隔断、通风和遮阳，另外也将其编织成草席、竹席使用。屋顶有转角、半歇山、歇山、四坡、悬山、攒尖顶等多种变化形式。江南多雨水和台风，由于缺少牢固的墙体材料，为了遮风挡雨，建筑物就尽量地压底墙身，扩大草屋顶，于是出现了草屋特有的比例关系和造型特点。钱塘江上游盛产桐油和生漆。江南民居建筑的立柱、门窗、家具等木制建材普遍使用桐油、生漆作防腐和保护处理，这也是在潮湿多雨的江南地区的建筑能够保存久远的重要原因之一。在大户人家和沿海民居建筑的梁架门窗装修上，桐油和生漆使用普遍，而在内地山区的普通民居建筑装修上使用较少。这是由地理环境和生活水准决定的。

中国传统建筑其实都是木构架体系，江南民居也是如此。使用的木材主要是杉木、松木、香樟、枫树和其他杂木。由于地理和历史原因，江南自古繁华，以前居住在江浙一带的官僚、地主、富商、文人济济，他们所建造的住宅和园林，用材质量高，有用楠木等贵重硬木作建材的，数百年来依旧牢固。木结构建筑的江南民居中，木材不仅使用在承重结构上，也使用在围栏结构上。因此木装修成为民居建筑的一个重要方面，并且在环保生态设计上取得一定成效。因为江南气候湿热，建筑装修必须解决通风、遮阳和隔热等问题，兼顾到季节的气候变化，即春夏季节要防雨、防台风，冬季要保暖。江南地少人多，为创造方便的生活条件和空间，建筑必须考虑到杂物的储藏和日常生活的便捷。

江南传统民居在自然和环境的影响下，创造了许多可贵的、至今仍然可以让现代建筑师借鉴的处理方式。江南传统民居常采用灵活机动的、可移动或者装卸的板壁、屏门、屏风、格扇门窗等，来改变建筑的室内面积大小。在无锡老城的荣巷，有处五间房建筑，是清末民初时的一家五兄弟建的。它纵向统一分割，统一布置空间，五间中堂一字排开，都用可装卸的板壁隔断，在祭祀、除夕、结婚等重大家族事宜上就移动成一个大厅以便开展活动。江南传统民居大量采用通透的窗栅、门栅、廊栅、栏杆、花窗、编竹（木）门障、博古架等进行室内外的隔断，隔而不断，室内外贯通，既有防护作用又保持了空气对流，并有很高的美学价值。江南园林就是这样处理的典范。江南临街或者靠河的房子底层常采用可卸的板门，使室内可以进行商业和服务性经营，这在湖州、宁波、苏州、无锡等地民居都可以见到。在大户人家，住宅常见以板窗、格扇窗、门栅等组成各种不同组合的双层窗，在不同开启的情况下可以兼具通风、采光、防盗等作用。还有下双开门的处理，可以有效改善通风状况。

江南传统民居广泛使用出挑的手法，如挑出楼裙、檐、栏杆、檐箱、廊、靠背栏杆（美人靠）等，并利用木材力学特征，争取充分的使用空间，同时出挑手法也为传统民居建筑增添了丰富多彩、精巧爽朗的外观造型效果。在江南传统民居的考察中可以发现，门窗的栅格处理是一大亮点。门窗栅格组织是传统建筑装修小木作的主要工作。江南传统民居的门窗栅格处理突破了官式成法，手法自由，样式多端。窗格图案采用的题材极为广泛，有回纹、藤纹、锦纹、直根纹、眼纹、井口纹、十字纹、平纹、篆刻文字纹、动物造型（如龙、凤等）纹、植物造型（如芭蕉、蔓草、荷花、莲藕、万年青等）纹、吉祥器物（如宝鼎、如意、金钱等）纹、自然（如云、水等）纹等。人们也常用吉祥如意等作为母题，进行图案和象形文字组合构成创作。也有些建筑的门窗栅格纹样处理是来表达主人姓氏、建筑性质或者环境地理的。例如，湖州南浔小莲庄有栋建筑的格扇门花格中间统一都为芭蕉外形，内镶"绿天"两个字，双勾隶书纹样，交代了建筑名称和所处的环境氛围，堪称佳构；绍兴新昌的王氏民居在建筑的格扇门花格中间统一都由"王"字纹构成，很有特色。江南传统民居的门窗栅格设计不仅很好地处理了采光和通风等实际生活的需要，而且增强了建筑的艺术表现力，体现了劳动人民的精湛技巧及经营匠心，使室内外空间融合在一起，宜人居、宜赏玩，值得现代建筑设计和室内设计参考及利用。

我国传统民居建筑作为与自然环境及其他自然条件有机融合的产物，其产生与发展深深根植于人民对生活的执着追求和对环境的深刻理解。这些民居不仅仅是人们的住所，更是他们与自然和谐共生的见证。在传统民居的设计与建造中，人们充分考虑到当地的气候、地理、资源等因素，因地制宜，巧妙利用地方材料，竹、木、石、土、茅草等天然材料，不仅易于获取，而且与自然环境相得益彰。这些材料的选择和使用，既体现了人们对自然资源的尊重和利用，也展现了他们对人与环境关系的深刻理解。在处理人与环境和资源的关系上，中国传统民居蕴含着朴素的生态建筑思想和技术经验。例如，民居的布局、通风、采光、保温等设计，都考虑到能源的节约和环境的保护。这种设计理念不仅使居民生活得更加舒适，也使民居成为生态建筑的典范。中国传统民居建筑不仅是地域文化的载体，也是传统建筑技术的宝库。通过学习和继承这些传统民居的设计理念和技术经验，我们可以更好地保护文化遗产，为未来的建筑设计提供更多的启示和灵感。

第六章　传统美学与中国民居建筑空间营造

　　中国传统民居建筑作为一种承载着深厚历史底蕴的建筑类型，对人们的生活产生了深远的影响，至今仍然表现出顽强的生命力。这些传统民居历经风雨洗礼，跨越千年的岁月长河，不仅是一种居住建筑，更是一种文化载体和历史见证。这些传统民居遵循着一种独特而潜在的模式语言，在满足人们物质生活需求的同时，始终贯彻美的规律，展现出东方美学的独特魅力。这些传统民居建筑深深烙印着中国文化的痕迹，将美学思想融入民居建筑的艺术之中。

　　中国传统民居建筑的美学特点在于它的和谐、自然、人文和象征。这些传统民居建筑注重与自然的和谐统一，采用与自然环境相协调的色彩和造型，如红瓦白墙、飞檐翘角等，使建筑与自然环境融为一体。同时，这些传统民居建筑注重人文和象征的表达，通过雕刻、绘画、楹联等，传递出人们对生活的向往和追求。在中国传统文化中，家庭被视为社会的基石，因此，传统民居建筑多为家庭式住宅，具有浓厚的家庭氛围。这些传统民居建筑注重内部空间的布局和装饰，使人们在居住的同时能感受到家庭的和睦及温馨。

第一节　传统美学感受与民居空间营造

一、深厚的东方之美

（一）自然之美无处不在，无时不有

中国传统民居建筑与自然环境之间存在着密不可分的联系。它们通过层次渐进的变化、空间的灵活组合与分割，以及巧妙的借用，因地制宜，并与自然环境巧妙融合。结合庭院绿化，这些传统民居共同创造了优雅宜人的环境。传统民居建筑巧妙地利用和融合了自然环境，或依山傍水而建，错落有致，与山水景观相得益彰，仿佛是自然山水画卷中嵌入的诗意居所。它们并非单纯地与山水相伴，而是巧妙地借助地势、水系等自然条件，构建出富有层次感和立体感的建筑布局，宛如一幅幅生动的山水画，掩映在绿意盎然或波光粼粼的自然怀抱之中。有的民居则选择独处一隅，静静地伫立在田园阡陌之间，四周没有过多的繁复装饰，却流露出一种简约而空旷的韵味。这种独栋传统民居，以其独特的建筑风格和宽敞的空间布局，向人们展示了一种淡泊名利、回归本真的生活态度，让人在面对时能深深感受到那份宁静与安详。有的传统民居则是翠绿环绕的小院落，里面种满了青青草木，充满了盎然的生机和宁静的气息。在这里，鸟语花香，流水潺潺，与外界的喧嚣隔绝，令人心旷神怡。每逢清晨或黄昏时分，当阳光透过树叶洒在小院里，金色的光芒与绿色的生命交织在一起，构成了一幅美丽动人的画卷。

无论是依山傍水而建的错落有致，还是孑然独处的简约空旷，抑或是小院青青的宁静安详，这些传统民居都充分体现了我国传统建筑美学中人与自然和谐共生的理念。它们所展现出来的丰富的空间变化和整体

的空间意境，深深吸引着人们，让人们真切感受到中国传统民居建筑的独特魅力和艺术价值。

（二）形式之美承载着精神的内涵，映照着时代的风貌

中国传统民居建筑在艺术表现上追求统一和谐与多变相融的境界。中国传统民居以其独特的群体之美，令人叹为观止。在同一个村落内，每一座民居都仿佛是诗篇中的一行，虽然各自独立，却又协调统一，共同谱写了一曲未完的乐章。它们的大小、高低错落有致，犹如一首未完的诗篇，流淌着音乐的韵律之美。屋顶的跌宕起伏、色彩对比的鲜明、门窗间隔的巧妙排列，共同编织出一幅幅生动的画面，令人陶醉。传统民居的外部造型设计更是体现了古人对自然环境的尊重与和谐共生的理念。它们虚实相间，轮廓柔和，曲线流畅，在稳重之中不失变化之美。每一座传统民居都仿佛是大自然的杰作，与周围的环境融为一体，形成了独特的风景线。以西双版纳的干栏式竹楼为例，其架空底层的轻盈灵动与庞大厚重的屋顶形成鲜明对比，虚实之间展现出独特的艺术魅力，仿佛是大自然的鬼斧神工。这种建筑风格不仅体现了当地居民的智慧和创造力，也体现了他们对自然环境的敬畏和尊重。中国传统民居不仅是一种建筑风格，更是一种文化、一种历史的传承。它们以其独特的魅力吸引着无数人的目光，让人不禁为之赞叹。

（三）装饰之美在于细节的雕琢与整体的和谐共生

在我国传统民居建筑中，装饰装修不仅是建筑实体的附加之美，更在细部处理、建筑色彩及建筑符号的运用上，巧妙地实现了经济与适用的完美结合。运用简约而不简单的手法，取得了丰富而深刻的艺术效果。这些装饰装修于质朴之中显现出高雅的气息，不仅具有极高的艺术欣赏价值，更承载着深厚的文化底蕴。传统民居的装饰艺术恰当地选用我国传统的绘画、色彩、图案以及书法、匾额、楹联等多种艺术形式，

将各类艺术灵活运用，使得建筑性格和美感协调统一。在塑形的精湛技艺中，尤为重视上部轮廓线的韵律与变化。那丰富多彩的天际轮廓线，犹如一曲未完的交响乐，赋予建筑以更加深邃而立体的视觉享受。以皖南民居的马头墙组合为例，建筑师巧妙地运用抽象思维，将其雕琢成昂首长啸的马头形态。工匠们则根据屋面的坡度变化，精心塑造出形态各异的马头状装饰，使线条简洁而流畅，宛如天马行空，展现出非凡的气势，引发人们无尽的遐想与空灵的美感。在色彩装饰方面，汉族民居装饰很少大面积使用鲜艳的色彩，而多以材料原色或清淡的色调为主，传统民居在色彩搭配上多以素雅为主，其中，一般民居多采用墙面和屋顶大面积的青灰色作为主要色调，偶尔点缀以琉璃瓦的朱红色或金色。而江南地区的传统民居，则常以粉墙为基底，搭配灰黑色的瓦顶、栗壳色的梁柱和栏杆，运用淡褐色或保持木材本色的装饰，再以白墙与灰色的门窗相衬，营造出一种素净而明快的色彩氛围。至于少数民族的传统民居，其色彩则更为鲜艳丰富，展现出浓厚的民族风情。

二、人文地域之美

从社会和人文环境的角度审视，传统民居作为一种独特的建筑形式，其在空间布局与形态设计上的精妙之处犹如一面镜子，深深地映射出了不同地域居民的性格特征与审美倾向。北方传统民居以其简约、实用和朴实的风格，恰好呼应了北方人粗犷、坦诚且质朴的性情。南方传统民居则以其多变的外形、巧妙的空间布局和淡雅的色彩选择，生动地展现了南方人内敛、灵活且心思细腻的一面。这两种风格的传统民居，各自在空间布局、材料选择和装饰细节上，都充分体现了地域文化和居民性格的独特性，是中华文化瑰宝的重要组成部分。红、黄、蓝、白、黑的五色装饰在青藏高原的丽日蓝天下，具有夺人心魄的艺术魅力。在江南那朦胧的烟雾、绵绵的梅雨之中，所有的鲜明色彩都会变得暗淡无光，唯有黑与白，依旧闪耀着它们独特的亮丽。不同地域的建筑，其独特风格在群体组合、院落布局、平面空间处理及外观造型等方面展现得淋漓尽致。这些传统民居不仅承载着各地的文化与历史，更以实体的形式展现了地域间艺术风格的迥异。它们如同历史的见证者，静静地诉说着各自的故事，使人们得以窥见不同地域、民族和时代的风采。可以说，这些传统民居建筑风格体现了五彩斑斓的地域建筑艺术，是研究人类文化与艺术发展的重要宝库。

三、生活之美

中国传统民居建筑历经数千年岁月沉淀，其空间布局、结构设计及部件配置均蕴含着深厚的实用主义哲学思想。在保证基本居住功能的同时，这些建筑元素的艺术价值也得到了淋漓尽致的展现。以江浙皖一带的水乡民居为例，其最具特色的标志性建筑元素无疑是那独特的马头墙。马头墙又称"风火墙"或"封火墙"，是江南传统民居建筑中用于防火隔离的墙体，主要作用是防止火灾蔓延至相邻建筑。马头墙的构造形式多样，常见的是墙身与屋顶相连，呈水平阶梯状延伸至屋顶，形成独特的阶梯式轮廓线，而在墙顶部分，则常常以青瓦覆盖。这些青瓦不仅具有保护墙体免受风雨侵蚀的功能，还通过整齐排列的瓦片创造出一种轻盈而灵动的视觉效果，使原本静止的墙体因此增添了几分动态美。不仅如此，马头墙与青瓦的结合更是实用与审美的完美统一。马头墙与屋顶之间的过渡区域，常常因为瓦片重叠而产生阴影效果，丰富了建筑的立体层次感。在山光云影、湖光水色的交相辉映下，一片片马头墙古朴典雅且变幻多姿，它们犹如一幅幅流动的画卷，构成了江南水乡一道道亮丽的风景线。中国传统民居南北方的院落类型截然不同：北方四合院宽敞明亮，为了充分沐浴阳光，防止冬季寒冷的北风侵袭，其南窗较大，而北窗较小或干脆不开窗；而南方则将院缩减成天井，营造出一种幽闭阴凉的内部环境，以避免大量阳光直射。天井院落中种花植草或开辟水面，将自然景观巧妙地融入建筑之中。这种巧妙的设计不仅改善了环境，调节了小气候，体现了实用观的理念，更是达到了美化环境的效果。它呈现出一种绿色的、可持续的生命力，无意识地促进了传统民居美学意义上的提升。

四、和谐质朴之美

中国传统民居的设计与建造深深植根于中华民族悠久的历史文化与地域特色之中，充分体现了前瞻性的环境保护意识。这种环境保护意识体现在民居设计的方方面面，如根据不同地域、气候、地形因素因地制宜，灵活运用建筑布局和材料，使得住宅与自然环境和谐共生。在西南山区的梯田地带，干栏式民居是一种极具代表性的建筑形式。它巧妙地利用了山区地势起伏的特点，将房屋主体部分架空于地面之上，下方用于圈养牲畜或堆放杂物，形成了高低错落的建筑格局，最大限度地减少了对于宝贵山坡耕地的占用，同时又保证了居住区的平整开阔，有利于生产生活。而在风景秀丽的江南水乡，河流交错、湖泊密布，当地的民居则巧妙地与水系相结合。民居依水而建，临河而立，或以石桥相连，或以栈道相通，形成了独特的"小桥流水人家"景象。这种设计不仅方便了居民的生活需求，如洗衣、航船，同时将自然景观巧妙地融入居住环境中，使人与自然达到了高度和谐统一。而甘肃一带的窑洞民居，则充分利用了黄土崖的优势，构建出丰富多彩的建筑类型和各具特色的建筑风格。这些传统民居建筑大都因地制宜，就地取材，以砖、瓦、木、泥等常见材料为基础构建而成。木材多选用本地区常见的树木，既经济又实用，充分体现了人与自然的和谐共生关系。虽然这些材料看似普通，但每种材料都流露出一种质朴之美，为建筑增添了独特的魅力。傣族竹楼以竹子为基本构建单元，通过精湛的工艺技巧，编织出富有节奏感和韵律感的各种图案花纹，形成美观大方的建筑墙面。这些图案不仅寄托着傣族人民对生活的热爱与美好祝愿，还蕴含着深厚的民族文化和地域特色。

传统民居建筑以其浓郁的乡土气息、淳朴无华的特质以及对自然环境的敬意，始终散发着经久不衰的魅力。这些传统民居作为建筑艺术的璀璨明珠，无论是在过去、现在还是未来，都将继续深刻影响着建筑美学的发展，为打造出独具中华民族特色的建筑风格贡献力量。

第二节　传统美学思想与民居建筑空间营造

中国传统民居建筑和村落不仅承载着丰富的历史与文化价值，更兼具实用性与艺术之美。它们犹如一部部生动的历史长卷，深刻揭示了不同民族在不同时代和环境中的生存与发展规律。这些传统民居建筑和村落也反映了当时当地的经济状况、文化特色、生产方式、生活习惯、伦理观念、习俗信仰以及美学等多元观念与现实状况，在建筑史上占据了举足轻重的地位。中国传统美学历史悠久，内涵丰富，风格独特，为世人所瞩目。它作为中国传统艺术的理论结晶，对传统艺术产生了深远影响。学术界普遍认为，儒家美学思想、道家美学思想和禅宗美学思想对中国传统艺术影响最大，它们不断冲撞与融汇，形成了中国传统艺术的精神。

一、儒家美学思想与民居空间营造

在儒家美学中，美被认为存在于中庸之道中。"中庸"这一概念最早见于《论语》，其本质是"中和"之意的延伸。"中"代表着一种自然未发、不偏不倚的状态，它是天地万物之源；"和"则象征着一种合理适宜的发出状态，人性的情感在这种状态下得以抒发，并通过礼节法度达到和谐统一。

（一）中庸之美

美在于中庸之道，而中庸之道则是由礼所规范和确立的。从审美的角度深入探索，我们不难发现，"中"与"和"在本质上其实是相辅相成的理念。一旦违背了适度的原则，和谐之美便无迹可寻。在中国传统民居建筑的宏伟画卷中，中庸之美被尊崇为核心追求，它强调凡事皆需有度，切忌走向极端，倾向于追求一种中和的状态。这种状态不仅最符合大自然的规律，更是设计美学的精髓所在。

在中国传统民居建筑的浩瀚画卷中，儒家美学思想扮演着至关重要的角色，它渗透进每一座传统民居的灵魂之中，甚至存在于整个建筑世界的每一个角落。这一思想体系强调的是人与自然的和谐共生，以及人与人之间的伦理秩序、尊重与和谐。在群体环境布局中，民居建筑通常作为背景元素出现，它们以低调而内敛的姿态，强调空间中的次要性与从属性。这些传统民居不仅承载着家庭生活的功能需求，更为重要的是，它们通过自身的布局、装饰和细节处理，传递出一种宁静致远、内敛含蓄的美学追求，为整个社区提供坚实的支撑。庙宇、祠堂、戏台等公共建筑则作为社区中的主要焦点而存在。这些建筑往往宏伟壮观，气势磅礴，体现出儒家文化中对庄重、肃穆与崇高美的崇尚。它们不仅是社区居民进行宗教仪式、庆典活动的重要场所，更是社区精神生活的中心象征。无论是庙宇的宁静殿堂，还是祠堂的家族象征，抑或是戏台的繁华舞台，都承载着丰富的文化内涵和社区情感。在这两者之间，中国传统民居建筑实现了巧妙的平衡与协调。一方面，民居以其朴素淡雅的风格衬托出公共建筑的高大雄伟；另一方面，公共建筑也以其精致华丽的艺术表现力丰富了民居的内涵。这种相互映衬的关系，共同构建了一幅幅和谐统一、富有层次感的传统建筑景观画卷。

传统民居建筑以实际需求为准，注重居民生活的舒适性，与传统建筑比例和谐，融入文化，展现和谐之美。但受封建思想影响，禁用特定颜色和样式，外形和色彩选用有清晰的标准，常用简单颜色表达情感。中国传统民居偏爱灰色系色调，营造平淡宁静、与世无争的氛围，体现了中庸之美。在封建社会背景下，色彩不仅仅是审美选择，更承载了丰富的社会等级象征意义。每种颜色都被赋予了特定的文化内涵和象征价值，例如，皇家建筑常用黄色以彰显皇权至高无上，而普通民居则忌用皇家专用色彩，以免僭越礼制。这种对色彩的严格规定和象征性使用，既是封建等级制度的体现，也是民族文化心理的一种反映。《周礼》规定不同颜色代表不同阶级。传统民居因封建礼制避用黄色等色彩，转而选择无彩色，如青砖黑瓦、白色粉壁，体现中和平静、随遇而安的中庸心态。

（二）和而不同之美

众多元素在不断碰撞、交融与协调中，达到了一种深层次的和谐统一，营造出一种"和"的哲学境界。这种"和"不仅体现在各元素间的相互依存、相辅相成上，更在于它们在保持独特性的同时，能够和谐共处，共同孕育出一种超越单一元素的美感。和谐之美如同一首优美的交响曲，将万千音符巧妙地编织在一起，既展现了各声部的个性魅力，又呈现出整体音乐作品的宏大叙事与情感张力。在自然界中，这种和谐之美催生了万物生长，让世界变得丰富多彩，无论是四季更迭、昼夜交替，还是花鸟虫鱼、山川湖海，都在这种和谐秩序中各得其所，生生不息。然而，值得注意的是，和谐并非意味着完全的同一或平庸化。若所有元素都趋于一致，失去了差异性和多样性，那么就会显得单调乏味，无法激发人们的审美体验和情感共鸣。正是因为有了矛盾冲突的激荡、多元文化的碰撞、不同思想的交融，才更能凸显出和谐之美的独特价值与魅力所在。因此，要达到美的至高境界，必须"和而不同"，在万象纷呈中找寻和谐之美。最早提出"和"这一哲学观念的是西周的史伯，他深刻洞察宇宙间的万物，认为它们虽然千差万别、丰富多样，但是它们却是和谐统一的。中国传统民居，其形态丰富而不繁杂，精巧而不做作，实乃建筑艺术之瑰宝。在各地，传统民居皆以相同的材料、平面组织及空间构成为基础，形成了色彩、质感及形象的趋同，彰显着地域特色。然而，趋同非雷同，而是在相似之中蕴含着千变万化之态。传统民居建筑注重对比中的和谐、渐变中的韵律，使得每一座传统民居都如诗如画，令人陶醉。

二、道家美学思想与民居空间营造

道家美学理念中，美被赋予了自然的本质。道家追求的是那种浑然天成的全美之境，强调客观存在本身的完美，推崇非人为干预，主张回归事物最本真的状态，探寻一种悠然洒脱、超然物外的自然之美。道家"天人合一"的和谐观念以及"道法自然"的和谐原则，对古代中国的环境意匠产生了深远的影响。这种影响体现在两个层面：一是追求与自然息息相通的淡雅质朴之美；二是注重直接借鉴自然元素，实现人与山水环境的和谐共生。

（一）天人合一

在中国传统民居建筑的选址、材料、色彩以及景观布置等各个方面，都深刻体现了道家"天人合一"的哲学思想。这种思想主张人类居住环境应与自然环境和谐共生，达到人与自然高度融合的艺术境界。具体而言，居民选址通常会选择依山傍水、环境优美的地方，如山脚下的谷地、河岸边的平原等，这些地方既有利于农业生产，又便于获取生活用水，同时还能欣赏到美丽的自然风光。中国传统民居中的景观布置讲究借景、对景、框景等手法，将室外自然景观与室内空间相互渗透，创造出"室内桃源"般的意境。例如，通过开窗、设门等形式引入远山近水的景色，使居民的生活空间与大自然紧密相连，体现了古人虽居城市，亦能看见山的理想居住环境追求。中国传统民居之所以能长久地保持平稳发展，其主要原因在于其与自然的和谐共生。这种和谐共生体现了古人对自然的尊重和顺应，即"天人合一"的理念。在这里，"天"代表着广袤无垠的自然界，是客观存在的外部世界；"人"则是指与天地共生的人类，是主动参与的主体。

1. 传统民居建筑空间的选址

中国传统民居犹如一颗颗璀璨的明珠，巧妙地选择顺应自然，与大自然融为一体。这种尊重自然、顺应环境的设计理念是至高无上的。它们深入强调与环境的紧密结合，将环境视为建筑的根基与灵魂，以环境为依托，以环境为背景，通过巧妙利用环境来展现传统民居的艺术设计之美。聚落村舍无论是坐落于丘陵、山地，还是平原、河谷，都应高度重视与环境的和谐共生。这些传统民居依山而建，傍水而居，高处则悬挑出挑，低处则得以支撑安稳。它们根据地势的高低起伏，随机应变，与自然环境和谐共生。它们巧妙地利用自然环境，将自然之美融入建筑之中，使传统民居建筑与自然和谐共处。

2. 传统民居建筑空间的选材

建筑材料的选用对于传统民居建筑的效果显得举足轻重，它承载着整体感知的构建与传达。中国传统民居建筑智慧地融入地域特色，就地取材，选用当地材料，既经济又实用。这些原生的土、石、木，本身就是自然环境不可或缺的一部分。同时，它们还特别注重材料本身的色彩、花纹、质地等，在使用时尽量保持材料的原始风貌，使得一幢幢民居与自然环境和谐共融，宛如从大地中生长而出。这种巧妙模拟自然又完美融入自然的淡雅质朴之美，正是道家"天人合一"哲学思想的生动体现。

3. 传统民居建筑空间的选色

"五色艳丽之景易致人目盲，五音纷繁之音易令人耳聋"，这句话深刻揭示了过度繁复、炫目的视觉与听觉刺激可能导致的感官钝化与迷失。在庄子哲学体系中，这种对感官过度满足的追求被视为一种束缚，会限制人们对于"道"的内在体悟与精神世界的升华。因此，他提倡一种更高层次的美学境界——大象无形之境，即真正的美并不在于形态的华丽繁复，而是通过无形无相的空灵与深远来触动人心。这种审美观念强调的是内在美、本质美，是一种对生命本真状态的尊重和推崇。在中国传统民居建筑的色彩运用上，这一美学思想得到了生动体现。相较于宫殿建筑的金碧辉煌、富丽堂皇，传统民居则更倾向于以黑白为主色调，通过淡雅的色调和朴实的材质，营造出一种清新淡雅、自然朴实的氛围。这种色彩选择不仅使建筑与自然环境和谐相融，更展现出一种对生活的热爱和对自然的敬畏。这些传统民居建筑与周围的自然环境和谐共生，成为大自然的有机组成部分。它们与山川、河流、树木等自然元素相互映衬，形成了一幅幅美丽的画卷。这些传统民居建筑不仅具有实用性，更具有审美价值和文化内涵。它们展现出一种自然之美，这种美是朴素而深沉的，能够触动人的心灵。

4. 传统民居建筑空间的选形

无论是北方的庭院，还是南方的天井，它们都巧妙地隔绝外界的纷扰，营造出宁静的内部环境。同时，这些设计也充分考虑到采光、通风等需求，使内部空间得到充足的光线与新鲜的空气。在庭院与天井中，人们巧妙地种植花草树木，点缀石景，将自然之美引入室内，使内外空间融为一体。这种设计不仅延伸了空间感，更让人们能够在日常生活中感受到自然的存在，达到人与自然的高度和谐统一。

（二）道法自然

"道法自然"这一哲理，深刻揭示了道的本质——自然而然。它强调顺应万物的本性，不强行干预，不违背自然之道。在传统民居建筑中，"道法自然"体现得尤为显著，建筑师巧妙地借助自然之美，与山水相融，使传统民居与自然环境和谐共生。在建筑过程中，他们注重尊重自然万物的本性规律，让传统民居自然而然地融入自然之中，展现出一种自由、自在的美感。在建筑选址与形态设计上，巧妙顺应地势，沿河溪则柔美地随河道而行，傍山丘则依山势而建。若有平地，则聚集之；若无可聚之地，则灵活分散。高处以悬挑之姿，低处以支撑之态，使建筑与自然和谐共生，因地制宜，绝不轻易改变自然原貌。道法自然的审美观倡导人与自然的和谐共融，其中"天人合一"与"道法自然"是核心原则。道法在处理人与自然的关系时，遵循"人法地，地法天，天法道，道法自然"的准则，这不仅是道法处理人与自然关系的根本方法，也深刻体现了其"天人合一"的和谐理念与"道法自然"的和谐原则。

三、禅宗美学思想与民居空间营造

禅宗美学中，美在于意境的营造。意境是心灵构建的一个世界，一个觉悟的世界。在艺术创作的领域中，参禅如同对待艺术创作，需排除一切杂念。这一点在中国传统民居建筑上体现得尤为突出，主要体现在对空间的精心营造和意境的深刻表达上。

（一）虚实相生空间营造

空间形态的虚与实，乃是中国传统民居设计的精髓所在。若以虚为虚，则显得过于虚无缥缈；若以实为实，空间又往往显得呆板无趣。唯有巧妙运用化实为虚、化实为虚的手法，才能使空间充满无穷的韵味与悠远的意境。中国传统民居建筑在空间组织上展现出了极高的灵活性。传统民居院墙巧妙地采用了漏窗装饰，这一设计不仅增添了庭院的深邃美感，更让整个庭院景致处于若隐若现、似隔非隔的意境之中。透过漏窗，中园与后园的秀丽景色跃然眼前，让人感受到庭院景致的层次感和深度。在传统民居建筑室内空间处理上，将梁柱作为承重构件，起到了支撑和稳固的作用。而墙体则主要发挥围合作用，为居民提供私密和安全的空间。为了丰富室内空间的层次感和视觉效果，设计师巧妙地运用了隔扇、飞罩、屏风、博古架等虚隔断进行分隔。这些隔断不仅起到了划分空间的作用，更是达到了"隔而不断"的视觉效果。房间之间通过这些虚隔断相互借景，使得整个室内空间在视觉上得到了延伸和拓展，呈现出虚实相生的美感。中国传统四合院内开敞外封闭，各空间既隔又通，将虚静与实动融为一体，利用栅格窗、檐廊等引入室外景观。站在檐廊下人们可欣赏美景，延伸空间，达到虚实碰撞。

（二）情景交融空间营造

情与景的交融存在三种表现形式：情随景生、移情入景及物我相融。无论采取何种形式，情感都会因之深化，景色也会因之增添美感。唯有情与景相互渗透、彼此交融，方能达到那浑然一体、妙不可言的艺术境界。人们往往倾向于将客观存在的某一具体空间作为触发主观想象的媒介，进而创造出一种虚幻的空间意境。这种意境的层次越丰富，意味便越深邃，人们所感知到的虚幻空间也因此显得更为博大精深。一首诗，一篇文章，可使情更浓、景更美。中国传统民居常挂字画，渲染氛围，陶冶情操。此外，在匾额、楹联、挂屏、屏风及壁画等装饰元素上，书画家巧妙地进行了书画创作，将情境与艺术完美融合，营造出一种独特的意境。传统民居的装饰艺术中，多运用寓意吉祥的图案，这些图案不仅使空间界面呈现出令人愉悦的视觉效果，还含蓄地传达了人文情感，实现了"图必有意，意必吉祥"的深邃意境。

中国传统民居犹如一部部浩瀚的美学宝典，其中蕴藏着深厚的美学理念，生动地展现了中庸之美的和谐、自然之美的纯粹及意境之美的深远。对传统民居美学思想的深入探究与细致挖掘，不仅对现代环境艺术设计、造型艺术等领域具有深远的现实意义，更是对历史文化遗产的珍贵回溯，对于弘扬中华优秀传统文化具有深远的历史意义。

第三节　美学意义在民居建筑类型中的体现

民居建筑作为最为普遍且实用的建筑类型，其造型美学与附加艺术的美学与通用产品、器物的造型美学应当是一脉相承的，但展现出独特的规律。民居建筑不仅满足人们的基本居住需求，更是承载了地域文化、自然环境和生活习俗的载体。中国传统民居建筑在长期的历史演变中，形成了各具地域特色和民族风情的建筑风格。这些建筑不仅是对自然环境的适应与改造，更是对生活于其中的人们精神世界的体现。它们的外形设计、材料选择、空间布局等都蕴含着深厚的智慧和美学考量。

重庆的传统民居建筑——吊脚楼，就是一个极具代表性的例子。吊脚楼以其特有的悬空建筑方式，巧妙地适应了重庆山地地貌和湿热气候。其部分建筑架空于地面之上，有利于通风除湿，防止潮湿对居住环境的影响。吊脚楼的形态也体现了与自然环境的和谐共融，给人以独特的视觉美感。中国传统民居建筑中的照壁，则是一个展现美学意义的元素。照壁作为民居建筑的入口屏障，具有遮挡视线和缓冲空间的作用。它通常装饰有寓意吉祥的图案或文字，寓意着人们对美好生活的向往和追求。照壁的设计体现了中国传统建筑装饰艺术的精妙之处，使传统民居建筑更具生活气息和文化内涵。

一、传统民居建筑中的吊脚楼

重庆吊脚楼作为中国民居建筑中的一颗璀璨明珠，以其独特的建筑风格和实用性而广受赞誉。它不仅诠释了"坚固耐用"的建筑理念，更在美学层面展现了中国传统建筑的造型美与文化美，成为人们心中的建筑典范。

（一）实用性

吊脚楼这一建筑形式，源于干栏式建筑，却并非严格意义上的传统干栏式建筑。纯正的干栏式建筑，其显著特征是底层完全架空，然而在西南地区，由于山高崖陡，耕地资源稀缺，当地居民因地制宜，创造性地在斜坡上建造房屋。通过对土石方的挖填，形成房屋前后部地基，其中前地基上采用木构架构建穿斗式掉层，从而形成了吊脚楼这一独特的建筑形式。这种设计巧妙地将建筑底层前部地面抬高，与后部地面保持水平，形成了半楼半地的独特格局。这种半楼半地的吊脚楼建筑样式极具适应性，无论是在缓坡地段还是在陡坡地段，都能灵活地调整结构。在缓坡地段，平面前移，楼面部分增大，地面部分减小，有效扩展了楼底层空间；而在陡坡地段，建筑结构则相反。吊脚楼因地制宜，适应山地地形。它在占地、采光、通风、日照等方面，深刻理解并适应西南地区特殊环境。历经千年，其建筑样式和个性独特的造型美，已成为重庆一道风景线。

（二）造型美

重庆吊脚楼建筑依山就势，与地形地貌融为一体，或悬虚构屋，或陡壁悬挑，或利用边角加设披顶，或因地就势增建梭屋……山地地形的狭窄险峻，经巧妙利用成就吊脚楼建筑造型的出挑错落之美。采用歇山式或悬山式屋顶，坡度平缓但出檐深远。为平衡视觉，在正脊覆盖脊瓦时，两山头加瓦起翘，形成弧线，彰显吊脚楼之轻盈。底层架空，运用虚实对比，使建筑似漂浮山间。采用穿斗式纯木结构，无钉无铆，用木材加工而成，屋顶覆小青瓦，外墙用竹编夹壁墙，两边用泥包裹，轻巧且隔热保温，材料天然，与自然融为一体，乡村气息浓郁。建筑色彩较浅，色调和谐，视觉清新。吊脚楼群依山就势，高低错落，形成优美轮廓。

位于高地之上的吊脚楼，其独特的造型与低洼处的建筑交相辉映，形成了一幅"前后顾盼景自移"的动态画卷。建筑师精心雕琢屋顶的平面造型与构图，使其与低处的建筑相互映衬、错落有致，营造出一种"高低俯仰皆成画"的立体美感。重庆吊脚楼在利用环境方面堪称借景的典范。周围的树木、竹林、泉水、岩壁、山石等自然元素，均被巧妙地融入整体设计中。随坡就势的吊脚楼群落，形成了一条条奇妙的线性道路空间。漫步其间，每一步都仿佛置身于一幅动人的画卷之中，景致随脚步的移动而不断变化。这种朴实的色调与周围的自然光色相得益彰，使整个建筑群落呈现出一种粗犷、朴实、古拙、豪放的独特韵味。曲折的小径穿梭于建筑与自然之间，涓涓流淌的小溪更是为这片土地增添了一丝生机与活力。

（三）形式美

吊脚楼的外部造型独具特色，其最典型的特征当属出挑与悬浮。这种形式感源于建筑外观设计中对曲线的巧妙运用，使得建筑呈现出一种独特的韵律和动感。而支撑这种设计的深层次力量，则是中华传统文明中"儒道互补"的审美精神。在中国深厚的传统文化脉络中，"民居"的概念远超出现代意义上的居住空间，它不仅是对个体生命身体的保护壳，更是承载和延续个人精神血脉的载体。中华民族根植于农耕文明的土壤中，其"家国一体"的社会结构与伦理观念深深烙印在民族基因中，其中，"家"被赋予了超越物质居所的深刻内涵，它代表了亲情维系、血脉传承及文化教化的基本单位。住宅作为"家文化"的物质表现形式，其设计和布局无不体现出对和谐共生、人丁兴旺、家族繁荣的理想追求。每一处宅院都凝聚着祖先对生活的期许和智慧，从选址、规划到建造，都遵循着严谨的风水理念和审美标准，旨在营造一个既有利于身体健康又充满祥瑞的生活环境。在这里，祖先崇拜的传统仪式和族群文化通过日常生活和节庆活动得以传承和发扬，无论是家族祭祀、节庆聚会，还是婚丧嫁娶，都在增强族群凝聚力，巩固和发扬族群文化特色。中国传统民居超越建筑的实用，与儒家的"安身立命"相融。儒家强调"自强不息"和"阳刚"之美，政治学说注重个人与社会和谐、整体秩序。

几千年来，儒家思想如涓涓细流，绵延不绝，深深浸润着社会文化的每一寸土壤。在传统建筑领域，儒家思想的影响尤为显著。它强调建筑平面布局和空间组织结构的群体性、集中性、秩序性和教化性，注重建筑艺术对人伦道德审美内涵的表达。这种思想不仅广泛影响了传统民居的规划布局，还深刻影响了装饰陈设的方方面面，使得每一座传统民居都蕴含着深厚的文化底蕴和人文精神。受地形气候限制，重庆吊脚楼无法拥有平坦土地，无法形成集中型和秩序性。但从宏观上看，吊脚楼屋顶、屋面到台基都是长方形与三角形的组合，这种组合的几何形体稳定、庄重。在地理、气候等的共同作用下，重庆吊脚楼建筑采用"不受形制"构造法则，无主次之分，空间紧凑，开合随意，布局灵活，在"道法自然"中千变万化。吊脚楼单体建筑的出挑之美、吊脚楼群落的"错落"之美，以及吊脚楼整体空间所展现的"悬浮跌宕"之美，都在以建筑的语言诠释着曲线与柔性之美所赋予的动感、韵律与节奏。这些美妙的形态具象地展现了道家自然观的逍遥、虚静、淡泊、自由、飘逸、浪漫的精髓。

（四）中和美

吊脚楼这一独特的建筑艺术，是自然环境"威逼"的产物，更是营造与大自然和谐共通之美的典范。有的"悬浮"于陡峭的崖壁之上，楼体高挑，昂首而立，浅淡的色调与青山相互掩映，形成了一幅美丽的画卷。吊脚楼的色彩、形状、线条，无一不独特，它们背后的造型美、流动性、节奏感、韵律美，都源自中华美学对自然美的崇尚，源自人类对宇宙之美的探寻。自然不仅包含户外的云、树、岩层和动物，更涉及它们深层的本性和内在、固有的东西，如材料的本性、一种情感的本质、一种工具的本源。

中国美学将事物内在本质融为生命，"阴阳五行"的自然观传入人与万物的共性"生命"。中国传统民居建筑将生命自然观表现到极致。民间观念中，木象征生命与成长，四季变化展现生命运动。以木建居，寓意人的物质与精神生命共生。重庆吊脚楼最大特色在于诠释建筑与自然的"中和之美"，实现与山水环境的生态共契。阴阳五行学说发展成风水学，被广泛应用于建筑选址与自然环境协调的宏观把握，充分体现"天人合一"的人居环境观。重庆吊脚楼民居巧妙运用"三段式"格局，实现"虚""实"的完美融合。屋顶、屋面、台基端正而立体，与楼体、崖壁巧妙相依。色彩与山体相互对照，又相互掩映。群落与大空间相互俯仰，形成一幅幅美丽的画卷。这一切无不彰显出建筑与自然环境的和谐默契。吊脚楼与宫殿、神庙、园林等中国传统建筑相比，在空间和装饰上确实存在一定的局限性。然而，正是在这种严苛的自然条件下，吊脚楼以其独特的造型和内在组织，展现了对严酷自然环境的深刻回应。它不仅是一种建筑形式，更是一种融合外在造型、内在组织和文化含蕴于一体的严整建筑理念。吊脚楼的存在，不仅是对形式美的落实与拓展，更是对自然环境的一种敬畏和尊重。

二、传统民居建筑中的照壁

照壁通常矗立于院落大门内外，是一堵与大门相对而立的屏障墙体，起到了遮挡视线、缓冲空间的作用，被称为影壁或照墙。这一古老建筑元素可追溯至我国西周时期，显示出深厚的历史底蕴。在中国的传统民居中，形态各异的照壁随处可见，它们不仅承担着实用功能，如遮挡视线、隔音、保暖等，还承载着特定的精神象征和文化内涵。作为传统居住文化的承载者，照壁以其独特的方式诠释着中国人的生活哲学和审美情趣，成为中华优秀传统文化不可或缺的一部分。在中国广大地域中，传统民居建筑以合院空间为核心进行巧妙组合，塑造出形态各异、空间层次丰富的民居建筑群。其中，影壁作为中国传统民居建筑的独特元素，在空间组合中发挥着举足轻重的作用，衍生出多种形式，并蕴含着深远而富有诗意的美学意涵。

（一）照壁产生的原因

1.传统文化礼制思想

在中国传统文化中，文化礼制思想深深制约着人们的建筑活动及行为规范。早在西周时期的四合院建筑中，"屏"的概念便已出现，它不仅具有驻足候见的功用，还体现了居中为尊的思想。这种思想在院落组合方面尤为突出，通过引入过渡性的空间巧妙地联系内外。以北京的四合院为例，其在建造时严格遵循一系列规制，进门设影壁便是其中之一。大门通常位于建筑的东南角，而照壁则巧妙地附设在厢房的山墙面上。一进入大门，首先映入眼帘的就是那座庄重而美丽的照壁。经过这一空间的巧妙转换，人向左转，便步入了前院空间。再经过垂花门的引导，人得以进入内院。

2.地理环境

照壁的设置与地理气候之间存在着紧密的关联，充分体现了古人因地制宜、顺应自然的智慧。在北方地区，冬季气候寒冷干燥，寒风凛冽，为了有效地阻挡寒风对院落的直吹侵扰，居民会在大门内侧或外侧精心设计并建造照壁，利用其墙体厚重、面积适中的特点，形成一道天然的屏障，以抵御严寒空气的长驱直入，从而有效地保持院内温度相对稳定，降低热量散失速度，达到防风保暖的效果。而在南方的夏季，炎热的天气使得通风降温成为首要需求。南方地区通常夏长冬短，炎热季节中，院内易形成闷热的气流循环。此时，人们则巧妙地利用引风入院的原理，通过科学布局和精心设计的照壁，引导院外凉爽的风顺利进入院子内部，并巧妙地疏导院内原本滞留的热风排出，使得整个院落空间能够实现空气的自然流通交换，进而达到通风降温的效果。这种设计不仅改善了居住环境的质量，使得室内空气保持清新且温度适中，还体现出人与自然和谐共生的理念。。

（二）照壁的分类

照壁以位置不同形成前导空间之美，分为门内、门外和门侧空间的照壁三种类型。

1. 门内空间的照壁

门内照壁，作为中国传统建筑中一种独特且不可或缺的元素，巧妙地坐落于建筑大门内侧，与大门之间保持一段既不过于疏离也非紧密相连的距离。这一精心设计的空间距离不仅构成了建筑入口处秩序井然、过渡自然的节点，更在整体建筑序列的组合中扮演了关键角色。照壁以其独特的形象特征和功能属性，鲜明地呈现出了"引"这一主题，不仅为整个院落的空间布局增添了层次感和深度，而且通过其导向作用，有序地引导着人的行动轨迹，酝酿着空间序列的展开。从建筑美学角度看，门内照壁的存在使原本单一、直线式的空间流线变得丰富而富有诗意。其形态、材质和色彩等都成为视觉焦点，创造出一种独特的建筑美学体验。它既是实用功能的载体（如遮挡视线、缓冲人流、营造私密空间等），又富含深厚的文化内涵，体现了天人合一、内外有别的传统哲学思想。

2. 门外空间的照壁

门外照壁又称"影壁"，是一种独特的建筑元素，它位于建筑大门正对面，与大门之间保持一定的距离。在宅门与照壁之间，形成了一个由外向内的转折空间。这个空间的变化是循序渐进的，先抑后扬。照壁使内外空间得以转折、变化、联系，使得行其间的人兴趣盎然，感受到层次丰富的空间变化。因此，照壁可以说是连接内外、过渡自然的重要纽带。这种设计在规模较大的建筑群中尤为常见，如古代的宫殿、庙宇和园林。照壁的存在不仅是为了满足建筑美学上的需求，更是为了营造出一种庄重、肃穆的氛围，增强建筑群的整体气势。当人走进这样的建筑群时，首先映入眼帘的便是那座巍峨的照壁。它矗立在那里，仿佛是一个守护神，守护着整个建筑群的安全与尊严。照壁与大门两侧的牌楼或其他建筑共同构成了建筑的前导空间，这一空间过渡使得从外面进入内部的过程更具仪式感，也使得整个建筑群显得更加庄重、壮观。而在规模较小的民宅类建筑中，照壁的设置则多是从风水、风俗和实用功能的角度出发：在风水上，照壁被认为是能够挡煞、聚气的重要设施；在风俗上，人们认为照壁能够防止邪气侵入，保护家庭平安；在实用功能上，照壁可以遮挡视线，增加私密性，同时能美化街景。当人到达建筑时，首先望见的便是这座照壁。它不仅具有精神方面的功能，还增添了空间意味和视觉层次。随着人从外面街巷进入入口空间，再到达内部庭院，空间随之发生变化。这种变化在照壁的映衬下显得更加自然、流畅。

3. 门侧空间的照壁

门侧照壁，这一富有象征意义和艺术美感的传统建筑元素，通常位于大门的一侧或两侧，是建筑入口处不可或缺的组成部分。其形态各异，有的呈"八"字形，寓意着敞开怀抱、迎接四方来客，以及送别亲友的深情厚谊；有的则为"一"字形，象征着稳固如磐、庄重肃穆。照壁的设计精巧细腻，与门楼紧密相连，二者完美融合，共同塑造出一种威严而气势磅礴的建筑入口形象。

照壁不仅具有极高的实用价值，即用于精巧地装饰和美化入口，更能反映出主人的社会地位和独特品位。它作为内外空间的过渡地带，巧妙地组织并过渡内外空间，或转换空间，或限定场所，或增添层次，或弘扬气势，为整个院落增添了浓厚的文化底蕴和历史韵味。此外，照壁还常常被赋予特定的文化内涵和寓意，如反映主人的人生态度、家族精神或是对社会伦理道德的崇尚等。在传统建筑中，照壁往往与风水理念相结合，被视为能够聚气、挡煞、引导气流的关键构件。

（三）照壁的构图与造型

1. 构图之美

受视觉生理的局限，个体对建筑视知觉的初始接触通常聚焦于其造型特征，特别是建筑的立面构图。按照传统美学法则设计照壁立面，往往以对称的形式来构图，对称体现了最简单、最普遍的结构秩序，从而最具有可辨识性。在远距离观赏时，立面构图与背景天空巧妙融合，勾勒出一幅剪影画卷。此刻，捕捉的焦点在于其优雅的外轮廓线条，与蓝天相映成趣，共同塑造出引人入胜的"天际线"景观。

2. 造型之美

中国传统建筑美学强调单体建筑各部分间的和谐与逻辑严密、条理清晰。照壁可分三部分：壁顶是照壁最上面的墙体结束部分，其建筑屋顶采用庑殿、歇山、悬山、硬山等形式，顶上有屋脊和瓦面。照壁顶面积虽小，但照壁顶上铺筒瓦，中央有屋脊，正脊两端有正吻，垂脊前端有小兽，四角有起翘，这样富有表现力，显得生动活泼。壁身是照壁主体，雕刻精美图案或文字，题材为"福"文化。在光影的巧妙交织下，精美的雕刻呈现出起伏不定的动态之美，与壁顶那鲜明而有力的水平线条相得益彰，共同构成了一幅富有韵律的和谐画面。壁基，作为照壁的坚实基座，多采用须弥座或其变体形式。通过壁顶、壁身和壁基三者之间的有机融合与衔接，照壁与建筑的整体形态相互呼应，呈现出一种统一而和谐的美感。

（四）用材之美

就地取材，使得不同建筑艺术的地域风格和特色得以生动展现。照壁是传统建筑元素，其构造材料丰富多样，主要分为砖照壁、琉璃照壁、木照壁和石照壁等。砖照壁在传统民居中的应用尤为普遍，它从顶部至底部完全采用砖瓦构建，壁面上有的会涂抹一层细腻的白灰，增添质朴之美；有的则选择不抹灰，保持砖瓦原本的纹理，形成照壁两侧水平砌筑的线条美感与整体影壁身部的对比之美。琉璃照壁是在砖建造的实体外用琉璃构件包贴，但照壁的基座大多采用石料建造。采用全石料与木料构建的照壁并不常见，特别是那些露天矗立的木照壁，由于缺乏必要的防护，往往难以抵挡风雨的侵蚀，因而易受损。正是这种建筑材料的独特组合，赋予了这些照壁各自独特的韵味与魅力。

（五）构件之美

照壁作为传递主人经济实力、社会地位、人文思想及审美观点的综合性载体，其设计精髓贯穿于选材、造型至装饰手法等各个层面，生动展现着主人的个性化特征。照壁通常呈现为规整的一面墙体，有时则采用中高侧低的三段式设计，这种新颖的设计打破了传统的沉闷，显得别具一格。更有独特的变体，例如，壁身被巧妙地挖空，形成可供人通行的通道。这些多样化的形式展现了变化无穷的创意和匠心独运。照壁装饰丰富，含植物、花卉、兽纹及汉字，与建筑内容相关联。中心盒子及岔角常饰植物，例如，海棠寓意富贵，其下接花篮，内伸繁茂枝叶，含苞待放的小花组成美丽画卷。经过长期的发展，照壁的装饰已经形成一种独特的格局。从装饰的布局来看，无论是寓意吉祥的神话故事，还是栩栩如生的动物、植物，都巧妙地分布在壁身的中心和四个角上。2000多年来中国各地传统民居的照壁中，祥云、瑞禽、瑞兽等都占重要地位，而且越来越讲究，艺术造诣也越来越高，成为有研究价值的民间雕刻艺术。从色彩处理的角度来看，照壁的色彩选择以淡雅为主，采用清一色的灰砖并辅以白灰抹面。这种色彩搭配使得照壁与主体建筑和谐相融，形成了一种统一的色调，共同构成了传统民居独特的肌理。

中国传统民居的照壁展现了东方美学，反映了艺术成就。其美学特征陶冶情操，提升建筑师的审美。照壁是建筑物的脸面，影响首印象。建筑师需注重空间序列，把握院落整体结构和布局。照壁展现古建筑符号与元素，自成一格，在空间处理、布局安排和建筑装饰方面体现特色。我们应提取传统符号，用于现代建筑设计，传承并展现中国传统特色。

第四节　美学精神在民居建筑装饰纹样中的体现

建筑装饰作为一种对建筑进行美化与艺术加工的重要手段，不仅旨在提升建筑的美观性，更深刻蕴含着民族、地域、宗法、伦理、习俗及情态意象等丰富的文化内涵。建筑装饰体现其特征，为中国文化之精髓。中国传统民居装饰纹样集千年智慧，内容广泛，形式多样，其反映人民对美好生活的向往，蕴含东方文化内涵和审美情趣。陕西作为民族文化发祥地，拥有深厚的文化积淀。其建筑装饰纹样融合地域特色与民族美学精神。理解其美学精神需深入剖析民族哲学与审美观，涉及图腾崇拜、儒家思想、道家思想、佛法与民俗文化等方面。

一、图腾崇拜与传统建筑装饰纹样

原始社会，人类社会生产力水平极为低下，生存环境恶劣，人们为了争取生存下去，不得不与大自然进行艰苦卓绝的斗争。人们对许多自然现象，如雷电、山火、洪水，都感到无比恐惧和敬畏。这些现象的超自然属性以及它们对人类生活产生的巨大影响，使得原始部落的人们将这些力量视为神圣不可侵犯，并逐渐形成了对自然的崇拜。为了表达对自然的敬畏之情，并寻求与这些自然力量和谐共处的方式，人们创造了一种独特的文化符号——图腾。图腾是将某种特定的物象与自然现象相融合的艺术表现形式，它象征着人们对世界的共同认知和信仰。这些图像通常包含着丰富的文化内涵和寓意，例如，山岳图腾可能代表了人们对山神力量的崇拜和敬仰，而水生图腾则可能反映了人们对河海资源的依赖与保护。图腾不仅是一种艺术形式，更是具有强大精神凝聚力的载体。它成为维系群体内部团结协作、共同抵御大自然威胁的精神纽带。通过绘制或刻画图腾，人们希望能够获得神秘力量的庇佑与保佑，以此为生活带来安宁与丰饶。这一举动不仅表达了对美好生活的向往和追求，更是原始建筑装饰艺术的重要源头和组成部分。

随着社会的进步，图腾的样式不断演变，然而，其蕴含的精神内涵却始终如一，未曾改变。它仍然是人们寄托美好生活和祈愿的重要载体。中华民族自古便是"龙"的传人，龙作为中华民族的崇高图腾，在历朝历代的皇宫建筑中，龙形纹饰的应用堪称最为广泛。将原本动感十足、张扬飞舞的飞龙形象，巧妙地转化为一种相对静态、略带拙朴之风的拐子龙或盘龙形象。这样的转化在保留龙纹样基本特征的同时，赋予了其独特的拙朴之美，使得民居装饰与宫廷的华丽装饰形成了鲜明的对比。这也正是广大民众淳朴美学理念在装饰艺术中的完美体现。

二、儒家思想与传统建筑装饰纹样

儒家思想在长达千年的封建社会中，始终是统治阶级治国安邦、维护精神与物质文化统治的理论基石。其对社会各个层面的渗透，无疑也对陕西传统民居建筑的装饰纹样产生了深远的影响。在儒家的影响下，传统的建筑装饰纹样不仅是一种审美表现，更反映了封建社会的等级制度和秩序规定，体现了对等级制度的维护。儒家美学观点积极倡导"以和为美"。这种"和"的观念，不仅体现在人际关系的和谐上，也深深渗透到建筑装饰艺术中。这种思想在儒家经典中有着深刻的体现，例如，中庸之道，主张适度而为，不偏不倚，追求和谐统一。这种审美意识在中国传统建筑的各个角落都得到了生动的体现。例如，秦汉时期的建筑装饰纹样，其风格往往呈现出朴实无华的特点。构图上饱满且均衡，给人以视觉上的舒适感。纹样装饰和谐有序，没有过于繁复的装饰，却处处透露出精致与细腻。在画像砖上，多以几何纹为边框，这些几何纹样式严谨、线条流畅，既简洁又大方；而中间则细腻地磨制出飞禽走兽、花鸟鱼虫及人物情景等元素。这些元素虽然多样，但并不显得杂乱无章，而是展现了一种独特的艺术魅力。它们相互之间既独立又联系紧密，构成了一幅幅生动而富有意境的画面。

三、道家思想与传统建筑装饰纹样

"人法地，地法天，天法道，道法自然。"道乃万物之本，先于天地而存在，是道家纯朴的自然美学观的基石。在道家眼中，美的本质源于自然之美，他们倡导"去其修饰，自然呈现"的美学理念。道家所提倡的天道自然、不争无为的哲学思想，在封建社会残酷的科举制度时期，为众多知识分子提供了一片精神的净土。这片净土使他们得以通过艺术创作等方式，抒发内心深处的情感，感受自然的韵味。道家主张顺应自然地待人接物，深刻阐释了人与自然和谐共生、平衡发展的主题思想。

陕西传统民居传统建筑装饰纹样，无论是栩栩如生的飞禽走兽，还是栩栩如生的花草树木，都以独特的形式和寓意，展现了陕西人民在传统民居建筑中的美学追求和情感寄托。这些纹样的设计巧妙绝伦，既体现了中华民族精湛的艺术造诣，又饱含着丰富的哲学思想和生活智慧。人们通过借物抒情、寄情于物的艺术手法，将那些看似平凡的动物与植物形象赋予了深厚的文化内涵和象征意义。例如，龙、凤、麒麟等吉祥图案寓意着权力、尊贵与吉祥；莲花、梅花等花卉纹样则象征着纯洁、坚忍与高雅；鹿、鹤、松等动物和植物纹样，则寓意着长寿、祥瑞和坚忍。无论是山水之间的小溪潺潺，还是庭院中的竹影婆娑，都成为陕西人民表达对生活热爱与向往的重要载体。它们不仅仅是装饰性的图案，更是陕西民间文化和生活观念的独特表达，反映了中华民族自古以来爱护自然、崇尚生命、追求和谐共生的传统美德。

四、佛法文化与传统建筑装饰纹样

佛法文化随着丝绸之路的开启，于西汉时期徐徐传入中国，自此与本土文化相融合，历经岁月的沉淀，至隋唐时期，终于孕育出了一种具有鲜明中国文化特色的佛法文化。这一文化的美学理念，对中国本土文化产生了深远的影响，引领中国美学踏上了一段"取经"之旅。在佛法文化的熏陶下，其美学宗旨深深烙印在中国人的审美观念中，让人追求一种自由、超脱的思想境界。这种境界强调个人的感悟与解脱，倡导个性张扬，为人们带来心灵的宁静与自由。在表现形式上，佛学法器诸宝成为中国传统建筑装饰纹样的璀璨明珠。其中，"八吉祥"（莲花、尊胜幢、宝瓶、宝伞、法轮、吉祥结、双鱼、宝盖）图案纹样更是被誉为"佛法八宝"，寓意着吉祥与美好。这些图案纹样在陕西传统民居建筑装饰中得到了广泛的应用，展现了当时陕西人民对生活的热爱与向往。

五、民俗文化与传统建筑装饰纹样

民俗文化作为一个国家、民族或地区在日常生活和生产实践中积累形成的物质与精神文化现象，是人类历史中璀璨夺目的瑰宝。随着人类对自身价值的认识不断深化，人们经历了从崇拜神灵到重视自身努力的历史转变，并逐渐意识到自己才是世界发展的推动者，对神的敬畏之情逐渐淡化，转而更加注重现实生活中的祈愿和福祉。

在中华民族悠久的历史长河中，"五福"（长寿、富贵、康宁、好德和善终）观念深入人心。它们代表了人们对美好生活的向往和追求，其中长寿是基础,富贵是愿望,康宁是健康,好德是品格,善终则是圆满。因此,民间的吉祥寓意通常表现为增加寿命、累积福气、多子多孙、官运亨通等。这些美好的愿望反映了人民群众对幸福生活的向往和追求。作为民族文化的重要载体,传统民居建筑装饰纹样承载着丰富的文化信息。这些装饰纹样不仅美观实用,更蕴含着人们对美好生活的寄托和祈愿。以陕西传统民居建筑为例,其木雕窗花等装饰图案丰富多样,寓意深刻。窗花中常见的延年之龟鹤、不老之神仙形象,寓意着人们对长寿的向往和追求;而五蝠聚首的图案则象征着五福临门,寓意家庭和睦、事业有成、身体健康等多重美好愿望。

综上所述,陕西传统民居装饰纹样艺术,深深植根于中国深厚的文化土壤之中,其审美意识与全国各地的传统民居建筑装饰纹样体系一脉相承,共同承载着中华民族悠久的历史记忆与文化底蕴。这些精美的图案和纹样,并非简单的装饰元素,而是作为一种具有深厚文化内涵的文化符号和载体。它们以独特而富有寓意的形态,传达出中华民族世代传承的积极向上、丰富且包容的美学精神。在当今社会,随着人们对传统文化越来越重视和关注,陕西乃至全国的传统民居装饰纹样依然保持着持久的艺术魅力。这些富有历史感的装饰纹样图案作为文化遗产的一部分,深深影响着当今人们的审美情趣,使人们在欣赏和传承中不断汲取过去的智慧,并将其融入现代设计和生活美学之中,从而创造出更多兼具传统韵味与时代气息的艺术作品和生活空间。

参考文献

[1] 汪德根，吕庆月，吴永发，等 . 中国传统民居建筑风貌地域分异特征与形成机理 [J]. 自然资源学报，2019，34（9）：1864-1885.

[2] 杨月明 . 中国传统民居建筑形式的现代演绎研究 [J]. 建筑结构，2020，50（20）：157.

[3] 段尚，谢杰，王环，等 . 中国传统村落规划思想与启示 [J]. 中国农业资源与区划，2021，42（1）：203-209.

[4] 熊梅 . 我国传统民居的研究进展与学科取向 [J]. 城市规划，2017，41（2）：102-112.

[5] 孙亮，许广通，彭科，等 . 礼仪的标识，层累的结构——浙东传统民居院落符号特征与演化逻辑分析 [J]. 建筑学报，2024（S1）：28-32.

[6] 曾明 . 中国传统民居建筑与装饰研究 [M]. 北京：中国纺织出版社，2019.

[7] 宋雁超，古勇 . 中国古典建筑与中国文化融入研究 [M]. 天津：天津科学技术出版社，2017.

[8] 马晓 . 中国古代建筑史纲要 [M]. 南京：南京大学出版社，2020

[9] 刘淑婷 . 中国传统建筑屋顶文化解读 [M]. 北京：机械工业出版社，2020

[10] 田毅，冯耀功，白雪 . 地域环境与文化：晋东南传统民居的类型分布及形成机制 [J]. 中国历史地理论丛，2023，38（1）：37-49.

[11] 张方雨 . 徐州传统民居气候适应性研究 [D]. 徐州：中国矿业大学，2020.

[12] 崔杨光辉 . 中西传统民居院落式住宅空间形态比较研究 [D]. 长春：吉林建筑大学，2020.

[13] 高兴宇，石谦飞.基于有限元分析晋北传统民居木质装饰构件的营造特性 [J].科学技术与工程，2022，22（9）：3642-3650.